本著作由北京青年政治学院学术著作出版基金资助

家训与中国古代儿童的道德生活

王颖 著

天津出版传媒集团

天津人民出版社

图书在版编目（CIP）数据

家训与中国古代儿童的道德生活 / 王颖著. -- 天津：
天津人民出版社, 2024. 10. -- ISBN 978-7-201-20815
-2

Ⅰ. B823.1；G78

中国国家版本馆CIP数据核字第2024D9J953号

家训与中国古代儿童的道德生活
JIAXUN YU ZHONGGUO GUDAI ERTONG DE DAODE SHENGHUO

出　　版	天津人民出版社
出 版 人	刘锦泉
地　　址	天津市和平区西康路35号康岳大厦
邮政编码	300051
邮购电话	（022）23332469
电子信箱	reader@tjrmcbs.com

责任编辑	高　琪
封面设计	汤　磊

印　　刷	天津海顺印业包装有限公司
经　　销	新华书店
开　　本	787毫米×1092毫米　1/16
印　　张	12.75
字　　数	200千字
版次印次	2024年10月第1版　2024年10月第1次印刷
定　　价	78.00元

目 录
CONTENTS

引 言

　　家训，又称家范、家规、规范、家仪、治家格言等等，是指家族家庭对家人子孙立身处世、持家治业的教诲。罗国杰先生说，中国古代的"家训"，是传统伦理道德观、价值观的集中体现，是中华民族文化中独具特色的内容，其"内容之丰富、涉面之广博、影响之深刻，是世界各国文化中所没有的"[1]。

　　在中国家训发展史上，有两部家训意义重大。一是传统家训理论的奠基之作，南北朝时期颜之推所撰的《颜氏家训》。相对于以往家训仅就一事或一方面的碎片化训导，本书对教育的主要内容、原则方法以及实现目标都进行了系统论述。文人学士对其给予高度评价，认为这一家训并不囿于颜氏一族，而是具有广泛的适用性和推广性。"乃若书之传，以提身，以范俗，为今代人文风化之助，则不独颜氏一家之训乎尔！"（《明嘉靖甲申傅太平刻本序》）"凡为人子弟者，可家置一册，奉为明训，不独颜氏。"（王钺：《读书蕞残》）因而也深刻影响了后世家训。二是中国民间最具影响力的家训——清代朱柏庐汇撰的《治家格言》，世称《朱子家训》[2]。该书对儒家思想和中华传统美德进行了世俗化转化，其语言通俗易懂，道理直观明白，不仅为人们治家教子、为人处世提供了药石龟鉴，而且成为私塾蒙馆的启蒙教材。自问世以来得到最广泛的流传，被历代士大夫尊为"治家之经"。其中许多格言警句，时至今日仍然为人所推崇和信奉。

---

[1] 徐少锦，陈延斌著：《中国家训史》，陕西人民出版社，2003年，第1页。

[2] 在不同的家训汇集中，其具体称呼略有差异。本书根据《中国历代家训集成》（楼含松主编，浙江古籍出版社，2017年）版本，统一称其为《朱柏庐先生治家格言》。

古代家训，在内容上侧重于修身齐家以及处世经验的教诲和引导，本身就是家教，在形式上大体分为动态和静态两种类别。动态主要是指家庭教育的活动过程，突出的是实践性；静态则主要是指家庭教育内容的载体展示，强调的是效用性。其实，"家训"一词本来就是从"家教"的含义中剥离出来的。最早时，"家教"既指在自己家中教授弟子，也包含训导自家子弟之义。至东汉时期，第二层含义演化成家训的概念。在《后汉书·边让传》中，议郎蔡邕向大将军何进推荐贤才边让时说："窃见令史陈留边让，天授逸才，聪明贤智，髫龀凤孤，不尽家训。"此处出现的"家训"，是这一词语的最早出处。

中国家训文化的出现、发展与繁荣，根源于儒家文化中的"齐家"理念。在古人看来，家庭是国家的基础，是最基本的社会组织细胞。家庭的存在状态，对于治国安邦具有基础性作用。"齐家治国平天下"既具有内在的一致性，又是一个不断向前推广的理想进路。因此，若要国家和谐有序、健康发展，就应该先使家庭和谐稳定，"正家而天下定矣"（司马光：《家范》）。而要达成这一目标，"多积银积钱积谷积产积衣积书"并不是充分条件，培养"贤子弟"（曾国藩：《曾国藩全集·家书·致澄弟》，同治五年十二月初六日）才是关键要素。显然地，在造就贤德有才的子弟方面，家庭教育具有不可轻忽的地位和作用。与学校和社会相比，家庭作为个体来到人世间的第一生存生活空间，其对个体的影响具有初始性及终身性。尤其是在为人处世上的教导和熏染，更是会在个体身上打下难以磨灭的烙印，深刻影响到其最终价值观的形成。因此，为培养子弟的理想品格以及具备充分的为人经世能力，以实现"整齐门内，提撕子孙"（《颜氏家训序致》）的目的，古人是非常重视家教的。同时，他们也在家庭教育方面开发了多种方式。有些是显性的，如父祖对子孙、家长对家人、族长对族人的直接训示、亲自教诲，还有兄长对弟妹的劝勉、夫妻之间的嘱托，等等。有些则是隐性的，如宅院里不同院落的屋檐或门旁悬挂的各式匾额[1]、建筑上的雕刻以及绘画等，通过精心设计上面的文字以及场景，时刻提醒家中子弟修身养德，谨守处世规则，从而发挥"润物无声"的潜移默化之功。需要注意的是，在家训的发展演变过程中，虽然中国古代家训的内容与体例日益丰富化、多样化，其中蕴涵的价值观念也具有时代特征和一定的个人倾向，但是作为其宣扬的理念，儒家的伦理道德观念始终居于核心地位。

家训的对象是家族家庭的内部成员。其中，对儿童[2]的教诫尤其得到家长的关注。

古人认为，家庭教育要从一个人的"幼稚之时"开始，"人材之成，自儿童始。《大易》以山下出泉，其象为《蒙》。而君子之所以果行育德者，于是乎在。故蒙以养正是为圣功，义至深矣。"（陈宏谋：《养正遗规》）孙奇逢强调"圣功全在蒙养，从来大儒都于童稚时定终身之品"（《孝友堂家训》）。其中缘由，颜之推给予了说明：一方面，"人生小幼，精神专利，长成已后，思虑散逸"（《颜氏家训勉学》）。孩子小时候，思想单纯，精神专一，感受敏锐，容易教育。长大以后，思想复杂，感受迟钝，就难于教育了。"固须早教，勿失机也。"（《颜氏家训勉学》）另一方面，人在年少，神情未定。若不对儿童进行早教，就会"骄慢已习，方复制之，捶挞至死而无威，忿怒日隆而增怨，逮于成长，终为败德"（《颜氏家训教子》）。等到儿童养成恶习，再想去纠正，就是打死他也没用了。家长愤怒再多，也只是加重孩子的逆反心理，等到孩子长大，就会成为无德之人。因此，古人非常强调"蒙以养正"，要求从儿童时期开始教育，为其人生观和价值观尽早确立正确方向，从而打下端正的品德

---

[1] 匾额是中国古代建筑的重要组成部分，是集文学、书法、绘画、雕刻、印鉴于一体的综合艺术形式，是中华民族独具特色的民俗文化产物。匾额不仅起到装饰作用，反映建筑物的名称和性质，而且传达着房屋主人的道德价值观。其中，横着的称作匾额或牌匾，竖着的称作对联或抱柱瓦联，雅称楹联。

[2] 联合国《儿童权利公约》将"儿童"界定为"十八岁以下的任何人"。《中华人民共和国未成年人保护法》规定，"未成年人是指未满十八周岁的公民"。本书所说的"儿童"，即指十八周岁以下的未成年人。

和思想基础，"子弟少年知识方开，须以端谨长厚养其心，为一生人品根基"（申居郧：《西岩赘语》）。

那么，如何进行"蒙养"呢？明代姚舜牧在《药言》中进行了详细地解读。他说："蒙养无他法，但日教之孝弟，教之谨信，教之泛爱众亲仁。看略有馀暇时，又教之学文。不疾不徐，不使一时放过，不令一念走作。保完真纯，俾无损坏，则圣功在是矣。是之谓'蒙以养正'。"即在儿童的成长过程中，持续接受道德教诲，并在这些道德要求的指导和熏染下进行力所能及的道德实践活动。可以说，正是这样的蒙养过程，构成了儿童道德生活的主体。

何谓道德生活？王泽应认为："道德生活是人类将道德纳入生活之中并以道德来指导和引领生活的生活，是立根于生活之中同时又赋予生活一种意义和价值且能够予以自由选择的生活，是既渗透在物质生活和精神生活之中同时又对物质生活和精神生活作一协调统合且要求和谐发展的生活，故而道德生活是一种既在现实生活中展开的生活，又是一种在现实生活追求和向往可能生活的生活，这种即现实即可能的生活，是人的生活的重要体现与拓展与提升，是人的生活区别于动物的生存的本质和内在方面。"[1]陈瑛认为："所谓道德生活就是在人类社会生活实践中，那些与社会道德思想、伦理理论相对应的，具有一定道德意义和价值，能够作出道德舆论和道德评价的事象，这些事象主要体现在人们的道德关系、道德言行、道德风气、道德习惯等方面，存在于人们的婚姻家庭、国家社会、政治关系、职业生活、公共生活和交往关系、个人品德修养等各个领域中。"[2]由此概念出发，陈瑛老师认为："道德生活的基本内容，主要就是人的行为准则和道德规范，它贯彻在人们的道德观念、道德行为、道德修养、道德评价之中。"[3]综合上述两位学者关于道德生活的理解，他们都把

[1] 唐凯麟主编，王泽应著：《中华民族道德生活史：先秦卷》，东方出版中心，2014年，第5页。
[2] 陈瑛主编：《中国古代道德生活史》，中国社会科学出版社，2012年，第6页。
[3] 同上，第7~8页。

道德生活看成人的一种综合样态。不过，诠释的视角不同。王泽应老师强调了道德生活既立足现实又面向未来的双重属性，体现了过程与目标的辩证结合，即在现实生活中践履道德行为，同时又不断地修养自身以奔向未来更加高尚的道德生活；陈瑛老师则强调了道德的行为属性，即道德生活是在价值观和道德观的指导下发生的道德行为所构成的有机意象体。这些定义为我们全面理解道德生活提供了非常有益的视角。不过，他们关于道德生活的定义，主要是立足于成年人群来谈的。相对于成年人道德生活的丰富性与广阔性，儿童的道德生活在内容上更加集中与单纯。因为儿童年岁较小，其生活实践的广度与深度尚未开发，相应地，其道德生活也处于初始阶段。在这一阶段，其主要内容基本上表现为学习道德规范，并在生活中不断提升对这些道德规范的理解体悟，形成初步的道德认知。同时，在这些道德规范的引领以及自我理解的基础上，在生活中开展部分道德实践，并在即学习即实践的二者融合互动中实现道德价值观的确立与塑造。

因此，本书立足于儿童道德生活的这一特点，着重围绕家训中高频率出现，得到人们广泛认可，并具有现代价值的道德要求（孝敬父母、兄友弟悌、广交益友、勤俭节约、志学进取、谨慎自持、谦虚不矜、宽以待人、诚信处世）来展开研究。这些道德规范主要集中于对儿童立身养德、睦亲持家和待人处世等品格及能力的培养。

本书关于这些道德规范的阐析，并不侧重于纯粹学理的深度挖掘与全面剖析，而是立足于儿童视角，即接受训导的角度来进行。所以，在写作结构上，大体包括三个层面：每个道德规范的含义、具体要求；提倡这一道德规范的意义或实践价值；在实践中需要厘清的问题。当然，由于每个道德规范的特性，故在阐析理路上也会存在一些差别。在具体研究中，将根据道德规范的具体情况进行，而不强求写作理路的完全一致。

本书期望通过这种梳理和阐析，介绍中国古代儿童在家庭中接受的道德训导的重点内容，从而帮助人们对中国古代儿童道德生活具有一个框架式把握。同时，还能够为现代家庭教育以及儿童道德生活提供资源借鉴和启发。为此，在写作内容上，对传统家训中相关道德要求的精华部分做了着重阐释。随着时代的进步，这些教导内容从具体细节上来看必然有些部分已经不适用于现代社会；但是作为一种道德精神和处世经验，则具有时代超越性。这些道德教导，在中华民族的生活实践中都得到高度的肯定以及广泛的传播，其精神精髓和价值内核也构成了中华民族品格的重要组成部分；故对这些道德要求的研究，有助于我们今天更深入理解、继承和弘扬中华民族优秀道德文化，继承优秀传统文化基因，从而为推进文化自信自强、培育践行社会主义核心价值观以及养成新时代公民道德提供丰厚滋养。

孝敬父母

在中华民族的伦理道德体系中，孝德占据重要的位置，被认为是做人的最基本道德之一。《孝经·开宗明义章》上说："夫孝，德之本也，教之所由生也。"孝，作为一切道德的根本，是一切教育的出发点；在家训中自然居于重要的位置，得到了家长的大力提倡和高度推崇，成为教诫儿童的重要要求。

一、孝的含义与情感基础

（一）孝的含义

要培养儿童的孝德，首先就需要让其知晓什么是孝。关于孝的解释，一个重要而为人们所熟知的观点就是善待父母[1]。如中国最早的辞典《尔雅·释训》上说："善父母为孝。"西汉贾谊在《新书·道术》上说："子爱利亲谓之孝。"东汉许慎在《说文解字》上也说："孝，善事父母者。"善待父母，不仅是子女对父母爱的表达，也是子女对父母应尽的责任和义务。近代学者梁启超认为，"父母之于子也，生之，育之，保之教之，故为子者有报父母恩之义务"（《新民说·论公德》）。这一责任与义务，正是根源于对父母养育之恩的回报。"然父母于其子幼之时，爱念抚育，有不可以言尽者。子虽终身承颜致养，极尽孝道，终不能报其少小爱念抚育之恩。"（袁采：《袁氏世范睦亲》）

---

[1] 孝的对象，在不同历史时期也在发生转变。如西周时期为"神祖考妣"，春秋战国时期为"父"，秦汉时期主要是父母。由于此问题并非本文的研究重心，故不对其进行深入阐析。此部分主要谈子女对父母的孝敬，其中也涉及孙辈对祖辈的孝敬。

在中国文学史上有一篇著名的《陈情表》，被认为是抒情文的代表作之一。宋代学者赵与时在《宾退录》中说："读诸葛孔明《出师表》而不堕泪者，其人必不忠。读李令伯《陈情表》而不堕泪者，其人必不孝。读韩退之《祭十二郎文》而不堕泪者，其人必不友。"可见《陈情表》传达出的孝心感人至深。《陈情表》的作者李密[1]曾跟随著名儒学大师、史学家谯周学习。后来晋武帝亲自颁布诏书，升任他做太子洗马（官职名）。面对显赫的官位，李密并没有欣喜若狂，反而不想赴任，想要回家陪伴年迈的祖母，陪其走完生命的最后时光。为此，他特意写下《陈情表》呈给晋武帝以说明情况。在这封奏表中，他从自己幼年的特殊经历写起，由于父亲去世，母亲改嫁，他由祖母抚养长大，祖孙二人在相依为命的生活中建立起了深厚情感。他说："臣无祖母，无以至今日；祖母无臣，无以终余年。母、孙二人，更相为命，是以区区不能废远。"我今天四十四岁，祖母已经九十六岁了，我还有很多时间向皇上尽忠，但是向祖母尽孝的时日却不多了，因此希望能侍养祖母直至终老。奏表中流露出的真情实感深深感动了晋武帝，于是他不仅接受了李密的请求，还赐给他两个奴婢，命他家所在的郡县按时给其祖母发放生活物资。可见，孝行的发生，不仅来自外在教育和引导，更来自个体对长辈无私养育、深情呵护以及辛勤付出的感恩之心。这一心理也成为个体切实履行对长辈的责任和义务的不竭动力和源泉。

（二）情感体验

既然感恩的情感在孝德践行中如此重要，因此，这一情感培养成为家长对儿童进行孝德教育的最基本方式。同时，在这一培养过程中的情感体验也成为儿童孝德实践的初始阶段。

首先，反复吟诵与亲恩有关的诗句。

我国最早的诗歌总集《诗经》里有一篇《蓼莪》，抒发的正是子女对

---

[1] 李密（224—287），字令伯，一名虔，犍为武阳（今四川省眉山市彭山区）人，三国西晋时期文学家。

父母养育恩情的感怀，其词句质朴平实，情感真挚热烈，具有直击人心的力量。在这首诗中，既谈到了父母养育子女的辛劳，"哀哀父母，生我劬劳"。可怜我的父母双亲，养育我何其辛劳。又谈到了父母对子女的特殊重要性，"无父何怙，无母何恃"。没有了父亲，还能依靠谁；没有了母亲，又能倚仗谁！正是由于父母的温暖庇护，自己的身体与心灵才能有所依归，才不至于身心漂泊，茫然不知所措。父母给了自己宝贵生命，从小到大都给予无尽的疼爱和呵护，"父兮生我，母兮鞠我。拊我畜我，长我育我，顾我复我，出入腹我"，出入家门都抱着自己。因此，"欲报之德，昊天罔极"。父母的恩情是怎么报答也报答不完的。此句还有另一种解释，即当自己想要报答父母时，父母却已过世，以致没有机会报答。诗中所传达出来的"子欲养而亲不待"的遗憾、不甘、悲痛与懊悔的情绪，亦能给儿童留下印象。在其成长过程中会随着其对情感理解的加深而不断加强，从而在善养父母双亲上产生紧迫感与珍惜感。

其次，学习效法孝德榜样。

历史上的孝德榜样很多，但是对于儿童来说，那些年龄不大，但是能在关键时刻挺身而出为长辈尽孝的人，更具有示范性，更能激发出他们的模仿意愿。也就是说，在儿童这里，这些人的榜样力量尤为突出。比如替父从军的少女英雄花木兰。花木兰本来是一个在家里安静纺织的小姑娘。但由于边境战事，朝廷征兵，他的父亲作为被征对象，却年老体弱无法胜任，家中又无男子可以代替。于是花木兰经过一番思考，决定女扮男装，代父从军。在戍边报国的十二年中，她英勇杀敌，屡立军功。至战争结束后，她才回到家乡，恢复了女儿身。花木兰的传奇故事在中国家喻户晓，人们以各种方式来赞美她的孝行和勇敢，表达钦佩之情。

在中国历史上，还有另一位少女英雄缇萦，也为人们所熟知。根据司马迁《史记·扁鹊仓公列传》记载，西汉时期中医名家淳于意曾被诬下狱，要被押解至长安接受肉刑。他的五个女儿都跟在囚车后面哭泣。淳于意看到这个情景后很懊恼，不禁叹息："生子不生男，缓急无可使者。"生了那么多孩子也没有个男孩子，以至于到了危难时刻也没有能解决问题的人。他最小的女儿缇萦听到这些话非常难过，于是决定跟随父亲去往长安。到了长安以后，她向汉文帝上书说："我父亲做官的时候，齐地的人都称赞他清廉公正，现在他依法将被处以肉刑，我很难过。因为受过肉刑的人不能再长出新的肢体，就算他以后想要改过自新，也不能恢复健全的身体了。为了免于父亲的刑罚，我愿意进入官府做奴婢，以此来代赎父亲的罪刑，使他能有改过自新的机会。"汉文帝看了上书以后，很受触动，于是在这一年废除了肉刑法。

无论是花木兰还是缇萦，她们虽然年龄不大，但是却由于对父亲的孝心，在关键时刻勇敢地站了出来，以勇气、坚韧和智慧解除了父亲的危难。她们的行为可学可做，具有可复制性，因此她们也成为儿童道德生活中的榜样和楷模。

再次，随时随地感受父母的牵挂与深情。

在中国传统家庭中，人们对待子女的爱大多并不见诸语言，往往蕴涵在细碎无声的生活中，那些行为好似春风化雨，无声无息，却构成了培育儿童品德的持久、深刻以及有效的方式与过程。作为这些行为的旁观者以及这些生活过程的参与者，长辈的这些举动会在儿童心中留下深刻而难忘的印象，并且还会永久地发挥作用。在任何一个时刻，这些印象都可能跃然而出，以夺目的光芒强烈激发出儿童的道德情感；因此，这些印象也会成为儿童一生的道德提醒。

唐代诗人孟郊有一首广为流传的《游子吟》，诗中写道："慈母手中线，游子身上衣。临行密密缝，意恐迟迟归。谁言寸草心，报得三春晖。"这首诗采用白描的手法，向人们描绘了慈母对子女的绵绵关爱。这样的情景似乎太过平常，几乎存在于每个人的记忆中。在孩子即将离家之前的日子，母亲不会说太多的话，只是默默地拿出针线，然后把孩子的衣服一针针地、仔仔细细地缝补好。作为子女，无论离家多远，无论处于多么困窘的境地，只要看到或穿着母亲缝制的衣服，心就充满暖意与安稳；对母亲的思念与情感也会与日俱增。随着生活水平的提高，今天的人们不再需要母亲手工缝补衣服，这样的情景虽然减少了，但是母亲为孩子打点行装的其他方式还在。从古至今，或许母亲的行为存在差异，但是其心意却不曾改变。她们总是以这样的方式来表达和寄托着对子女的关爱、牵挂与祝福，这其实也是她们希望为子女离家前再尽一分心意的努力。因此，身处这些情景中的儿童，也在反复地感受与体会中懂得了爱，从而不断强化和累积起对长辈的厚重情感。

二、家训中对孝的倡导

(一) 个体家庭是孝观念产生的前提

作为一种观念以及行为要求，孝并不是从来就有的，而是随着个体家庭的出现而出现的。在个体家庭产生之前，氏族全体成员共同赡养老人，故当时只有尊老敬老的观念，而没有孝的观念。只有当个体家庭产生以后，夫妻以及子女共同构成了独立的社会经济单位，才会有父母对于年幼子女的特定抚养义务、子女对老人的特定赡养义务。此时，孝的萌芽才会产生。

作为一种道德，孝在商代时就已出现。"《商书》曰："刑三百，罪莫重于不孝"(《吕氏春秋·孝行览》)。随着时代的发展,孝德日益得到人们的重视和传播。如《诗经》中《小雅·楚茨》《小雅·六月》《小雅·南陔》《大雅·卷阿》《大雅·下武》《唐风·鸨羽》《周颂·闵予小子》等,都分别从不同的角度吟咏了孝思和孝行。再如《尚书》中记载的周公对康叔的教导中就提到了孝,并且还是从两个方面来加以强调。一方面,要求康叔到了封地后要带领人们辛勤劳作,教导其孝养父母,"其艺黍稷,奔走事厥考厥长。肇牵车牛,远服贾,用孝养厥父母"(《周书·酒诰》);另一方面,认为不孝的人罪大恶极,必须给予严厉批评和惩戒,"元恶大憝,矧惟不孝不友。"(《周书·康诰》)此外,周公自己就是行孝的典范,孔子对其进行了高度赞扬:"武王、周公,其达孝矣乎!"(《中庸》)武王和周公特别懂得什么是孝,他们的行为都达到了孝的最高标准。

(二)《孝经》奠定了孝的崇高地位

成书于秦汉之际的《孝经》出现,意味着人们对孝的重视跃升到一个新高度。在这本书中,首先是把孝上升为神意的产物。"天之经也,地之义也,人之行也。"(《孝经·三才章》)由此出发,认为在人的所有实践中,行孝是最重要的。"人之行,莫大于孝。"(《孝经·圣治章》)在这样的逻辑理路下,对其他道德的提倡,必然要与孝联系在一起,从而使其获得合理性依据。因此,在《孝经》中,孝与忠的关系进行了第一次贯通,认为忠是孝的发展与外扩,同时还认为孝是一切行动的根本原因。"孝悌之至"就能够"通于神明,光于四海,无所不通"(《孝经·感应章》)。这样,孝的地位就达到了至高程度。

既然孝有如此高的地位和作用,那么就不难理解为何历代统治者都会强力推崇和提倡孝了。汉代时,《孝经》被规定为天下人的必读书目,五经博士必须兼通之。唐代时,玄宗李隆基亲自为《孝经》作注,还特意在《孝经·序》中强调:"是知孝者,德之本欤?"明代时,太祖朱元璋亲自制定、颁布《教民榜文》(又称《圣谕六言》等),把"孝顺父母"排在了第一位。这个圣谕在众多家训制定者那里都得到了认可和传播,这些人在为自家制定的家训中,明确要求子弟要遵守这六条"圣谕"。清代时,康熙帝训诫诸皇子："先王以孝治天下，故夫子称至德要道，莫加于此。"（《庭训格言》）因而应当留心诵习，身体力行。

虽然历代统治者推行孝，有维护其统治的直接政治目的，不过不可否认的是，在统治者积极推行和身体力行之下，孝的观念和要求日益深入人心，逐渐成为衡量和评价一个人的重要道德标准。

（三）"孝子"是家教与修身的重要目标

1.孝亲被视为立身做人的根本。

明代庞尚鹏说："孝、友、勤、俭四字，最为立身第一义。"（《庞氏家训》）姚舜牧说："孝、弟、忠、信、礼、义、廉、耻，此八字，是八个柱子。有八柱，始能成宇。有八字，始克成人。"并且强调："一孝立，万善从，是为肖子，是为完人。"（《药言》）高攀龙说，立身"以孝悌为本，以忠义为主，以廉洁为先，以诚实为要"（《高子家训》）。明末清初理学大家孙奇逢在《孝友堂家规》中说："训人家子弟，只教之以孝弟，则其造福于人也大矣。"这表明，在家长看来，如果要使子弟成为品行高尚的人，就必须从孝德培养开始。这一观点也得到了人们的广泛认同，"百善孝为先"（王永彬：《围炉夜话》）逐渐成为中国人普遍接受和自觉倡导的观念。

2."教导子弟行孝"也是自身行孝的重要方式。

古人认为，对子女进行孝道教育这一举动本身就是体现自身孝心的直接方式，甚至是最大孝心的表现。其理由是：通过孝德教育，能培养出孝子贤孙。这样，不仅能保证家庭中孝心的传承与绵延，而且作为一种优良家风，必然还会有助于家族繁荣兴旺，使祖宗的家业和事业得到保持和继承。"君子之孝，莫大于教子孙。教得好，祖宗之业便不坠于地。不教子弟是大不孝，与无后等。"（冯班：《家戒》）如果家长不能好好教导子弟，就跟没有子孙后代一样，都是"大不孝"的表现。

因此，儿童必然要从小生活在孝的教导与训练中。这种教导与训练，既有直接面对和接受家长对孝的言传身教、耳提面命，又有家长刻意营造的道德环境。比如，家长在厅堂、书房或门廊的匾额或楹联上嵌入格言警句，让儿童随时随地都可以接受孝德的熏陶与化育，从而发生潜移默化之功。今天考察很多名人故居或者旧时民居，依然能清楚地看到这一道德环境的布置与面貌。被誉为"天下第一村"的张谷英村，就是以源远流长的家族文化而闻名的。生活在张谷英村的张氏家族历经二十六世，聚族而居历经六百余年，族人繁衍至几万人。其家训族规的第一条就是"孝父母"，第二条是"友兄弟"；因此"孝友"二字在村中的许多地方反复出现。如张谷英村牌楼的背面上写着"孝友家风"；当大门[1]的楹联上写着"耕读继世，孝友传家"；当大门四进堂屋上悬的匾额上写着"孝友传家"，楹联上写的是"祖德荫千秋，书香门第遵遗训；唐皇封百忍，孝友家风振谷英"；绩纺堂下堂屋的楹联上也写着"问宗旨如何，耕读为本千秋事；看源流几许，孝友传家六百年"。显而易见，家长们通过这些匾额和楹联，把对儿童的孝德教育与日常生活有机地融为一体，不仅使这种教育与生活一样具有可持续性、重复性，而且使儿童在不知不觉中实现、加深和巩固对孝德的认知与感受。

三、孝德的践履

孝德，作为儿童对待长辈的行为准则和道德义务，如欲在儿童的心中留下深刻印象，并使之成为孝子，那么在儿童的孝德实践中，积极引导其形成正确的孝德观念就至为重要。这些观念，在儿童的孝德生活中具有双重价值。一方面，它作为一种既成的思想观念，通过家族训诫的方式来引导规约儿童的孝德行为；另一方面，它其实又是儿童在孝德实践中不断思考、体悟与行动的内容。儿童正是通过孝德实践的环节，把这一外在训诫慢慢消化、吸收为内在的道德律令。

（一）孝的表现与要求

《孝经·开宗明义章》对孝的内容进行了规定，从而为人们践履孝德提供了指导方向。"立身之道，扬名于后世，以显父母，孝之终也。夫孝，

---

[1] 当大门，取意于大门两侧的石鼓，即门当。

始于事亲，中于事君，终于立身。"孝道要从侍养父母双亲开始，然后忠于君主，最终是要做一个贤能的人流芳百世，给父母带来荣誉，这是实行孝道的最终目标。可见，在道德的实践路线中，侍养父母是行孝的起点，也是孝的最基本内容，是每个人都应该做到的。所以，孟子在列举五种不孝行为时，有三种都与不侍养父母有关。他说："惰其四支，不顾父母之养，一不孝也；博弈好饮酒，不顾父母之养，二不孝也；好货财，私妻子，不顾父母之养，三不孝也。"（《孟子·离娄下》）一个人，无论是出于何种原因（四肢懒惰，或酗酒聚赌，或吝惜钱财只顾着老婆孩子），只要是疏于侍养父母，即为不孝。

在《孝经》规划的行孝路线中，如果说忠于君主和成为贤能之人是尚待达成的长远目标，那么侍养父母则是即刻就可以去做的事情，是最具操作性以及最易于实现的目标。不过，若要高质量完成，则需要做好如下几点：

侍养父母的核心是使之"乐"。

侍养父母也包括不同的层次。最低层次是"能养"，养活父母。但是仅仅满足其物质需求以维持其生存，还远远不够。更高层次是"善养"，好好侍养。"善养"的评价指标虽然具有多元性，但是其核心是"乐"，就是在侍养双亲时让他们感觉到快乐幸福，"养则致其乐"（《孝经·纪孝行章》）。吕坤说："故孝子之于亲也，终日乾乾，惟恐有一毫不快事到父母心头。自家既不惹起，外触又极防闲，无论贫富贵贱、常变顺逆，只是以悦亲为主。盖悦之一字，乃事亲第一传心口诀也。"（《呻吟语·伦理》）"乐"不仅意味着高质量的生活状态，而且还有益于父母的健康长寿。"人心喜则志意畅达，饮食多进而不伤，血气冲和而不郁，自然无病而体充身健，安得不寿？"（《呻吟语·伦理》）人在高兴时情绪舒畅，胃口也好，即使吃得多也不会损伤身体，血气通和也不会抑郁，在这种情况下，身体自然健康无病痛，又怎么会不长寿呢？因此，做一个孝子，就要努力做那些能让父母高兴的事，而不是让其担忧和为难。

第一，保护好自身的健康安全。

儿童从小就要树立安全意识。"身体发肤，受之父母，不敢毁伤，孝之始也。"（《孝经·开宗明义章》）要行孝，就要先保全自己的身体健康，远离危险之地。因为只有自己安全健康，父母才不会担忧难过。孔子认为这是孝的最基本表现，明代的彭端吾则认为这是最大的孝。他在所撰的《彭氏家训》中说："父母只恐儿子有病，做不好的人，此念时时不放。儿子亦肯时时不放，保此身以安父母心，做好人以继父母志，便是至孝。"健康顺利地成长，就是对父母的最大孝心。

第二，避免让父母为难。

孔子的弟子闵子骞是一个大孝子。孔子赞美他"孝哉闵子骞"（《论语·先进》）。我国古代著名的二十四孝故事中，其中一个就是讲述少年闵子骞的孝行。闵子骞的父亲在其母亲去世以后又娶了一个妻子。这个妻子又生了两个孩子。继母对闵子骞很不好。有一次，闵子骞为父亲驾车，掉了缰绳；当父亲握着他手的时候，发现他的手掌很凉，身上穿的衣服也十分单薄。回家后，父亲就把继母生的孩子叫过来，摸了他们的手，发现手掌是温热的，身上穿的衣服也很厚实。于是父亲对继母说："我娶你，就是为了我的孩子。可是你却欺骗了我，没有好好照顾我的孩子，让他挨冷受冻。你走吧，不要再留在这里了。"听了父亲的话，闵子骞赶忙走上前来劝阻。他说："母在一子单，母去三子寒。"如果继母留在这里，只不过是我一个人挨冷受冻，如果继母不在这里了，那么就是三个孩子挨冷受冻。听了这些话，他的父亲没有再作声，也没有再撵走继母，而继母对自己从前的行为也感到懊悔。于是就有了这样的说法："闵子骞非常孝顺，一句话就让他的继母心生惭愧，再一句话就让其他两个孩子也得到了温暖。"由于闵子骞的大度宽容，才使得家庭完整和谐，没有走向破碎。他的行为，既避免了父亲为难，也缓解了继母的难堪，所以古人奉其为孝子典范。

第三，显扬双亲，光耀门楣。

《孝经·开宗明义章》中说："立身行道，扬名于后世，以显父母，孝之终也。"把立身行道、成圣成贤、扬名显亲看成行孝的最终目标。《礼记·祭义》中也有类似的表述："孝有三：大孝尊亲，其次弗辱，其下能养。"最大的孝是让父母得到别人的尊敬。所以，衣锦荣归被很多人视作人生的快意之事，因为这不仅仅代表个人的成功，更重要的是能给父母和家族带来荣誉和尊敬。子女有德行，事业有成就，父母与整个家族"与有荣焉"。《墨子·经上》上说："孝，利亲也。"孝敬父母，就是让父母得到好处。但是，与物质好处相比，古人认为精神好处，即精神满足、精神荣耀是更为重要的方面。故此，成为优秀的人以为父母甚至家族争得他人的注目、尊重与羡慕，就不仅是父母对子女的殷殷期盼，也是所有家庭中子弟的共同理想。这一理想，也成为旧时个人不懈努力、直面艰难困苦的强大的、源源不断的精神动力之一。

第四，继承先人遗志，完成其未竟事业。

《中庸》还为孝行做了另一种规定，即很好地继承前人的遗志，完成前人未完成的事业。"夫孝者，善继人之志，善述人之事者也。"并认为这是一种大孝。《中庸》中之所以称赞周武王、周公是大孝的典范，"武王、周公，其达孝矣乎！"理由就在于此，周武王继承了周文王的事业，周公又继承了周武王的事业。在这种思想的影响下，中国出现了很多子承父业，家族传承的优秀典范。如司马谈、司马迁父子，王羲之、王献之父子，李言闻、李时珍父子，等等。这种继承不仅能保证某项事业的连续性，使之不致因断裂而止步或消失，而且还由此塑造了中华民族前仆后继、不屈不挠的坚韧精神，为推动中华文明以及社会的发展进步提供了强大的动力支持。因此，儿童在学习过程中就需不断形成和巩固这样的印象："父母所欲为者，我继述之；父母所重念者，我亲厚之。"（金缨：《格言联璧·齐家》）

（二）侍养父母的基本要求是敬与尽力

1. 敬。

儿童需要明白，"敬"的态度在对父母的侍养中至关重要。"事亲之道，以养为先；养亲之道，以敬为主。"（王十朋：《家政集》）正是由于孝与敬的密切关系，所以"孝敬"二字往往连用。孔子说："今之孝者，是谓能养。至于犬马，皆能有养；不敬，何以别乎？"（《论语·为政》）孟子说："孝子之至，莫大乎尊亲。"（《孟子·万章上》）荀子说："请问为人子？曰：敬爱而致文。"（《荀子·君道》）这说明，对待父母，仅有生存供奉远远不够，还必须让敬意蕴涵其中。"养而能敬，虽菽水之微，不害其为孝；苟不敬焉，虽日用三牲、具八珍，犹为不孝也。"（王十朋：《家政集》）仁孝皇后认为，对待父母，饮食奉养乃是最低标准，敬意才是根本。二者相比较，前者更容易做到。"孝敬者，事亲之本也。养非难也，敬为难。以饮食供奉为孝，斯末矣。"（《内训》）那么，如何做才算作是"敬"呢？

首先，对待父母要发自内心的尊重、关心和照顾，而不是做表面功夫。

"孝在实质，不在于饰貌。"（桓宽：《盐铁论·孝养》）"人之孝行，根于诚笃，虽繁文末节不至，亦可以动天地、感鬼神。"（袁采：《袁氏世范·睦亲》）清代康熙帝在训诫皇子时，也强调敬的关键在于"实心"，认为只有"诚敬存心，实心体贴"，才会使父母"欢心"。（《庭训格言》）考察一个人孝或不孝，主要是看其言其行是否出自诚挚的内心，而不是看那些烦琐细节有没有做到位。吕坤对此有一段细致的议论。他说："人子之事亲也，事心为上，事身次之。最下事身而不恤其心，又其下事之以文而不恤其身。"（《呻吟语·伦理》）子女侍养父母，最重要的就是体察父母的心思，次重要的是照顾好父母的饮食起居。那种只知道照顾父母饮食起居却并不懂得抚慰其内心的行为，是最不好的了。当然，只会讲漂亮话而没有照顾父母实际行为的，那就更糟糕了。"事心"的重要表现是"顺"，即顺从父母的心意或意见。不过，"顺"并不意味着对父母的无原则服从。如果父母有错，也应"几谏"。"父有争子，则身不陷于不义。故当不义，则子不可以不争于父。"（《孝经·谏争》）需要注意的是，"几谏"不成，则应"劳而不怨"（《论语·里仁》）。

其次，对父母的敬意表达，要遵照礼的规定去进行。

"生，事之以礼；死，葬之以礼，祭之以礼。"（《论语·为政》）无论是生前侍养、死后葬礼，还是以后的祭祀，都要按照礼的要求去进行。在此前提下，即使对父母的侍养没有那么齐备充足，也会被认定为孝子，"礼顺心和，养虽不备，可也"（桓宽：《盐铁论·孝养》）；反之，即使各方面奉养丰厚充足，但如不符合礼的要求，其行为也不能认定为孝。"礼菲而养丰，非孝也。"（桓宽：《盐铁论·孝养》）这说明，在孝养父母的问题上，遵礼守礼是一个重要标准。当然，对礼的强调，并不意味着可以打着"礼"的旗号而轻养甚至弃养父母。孙奇逢说："曾子养曾晳，必有酒肉，必请所与，必曰有则，其敬与色可知已。三必字亦要看的活。孔子疏水曲肱，颜子箪瓢陋巷，亦有行不去时。故余尝谓：养口体未尝非养志也，矫而行之则伪矣。此处岂容得一毫伪为哉？"（《孝友堂家规》）如果因为强调礼的重要，于是就假托守礼而在饮食上故意粗陋轻忽，那么就是虚伪。侍养父母怎么能容得下一丝一毫的虚伪呢？

2.尽力。

在侍养父母时，能予其丰厚的物资固然很好，但是，这并不是评价子女孝行程度的绝对指标。

因为无论在哪个时代，经济状况好的家庭和子女，都有条件和能力给父母提供更好的物质生活和精神生活，而经济条件一般甚至贫寒的家庭和子女，则不具备这样的条件和能力。因此，如果以同样的侍养标准去要求所有的家庭和子女，那么对于经济条件一般的家庭来说，就不可能出现孝子。在此意义上，古人否定了以同一量化指标去要求和评价对父母的侍养。指出孝养父母"论心不论迹""论迹家贫无孝子"（王永彬：《围炉夜话》），力小无孝子。这里的"论心"，实际上就是比较、考察子女在孝养父母方面是否做到了尽心竭力、全心全意，"事父母，能竭其力"（《论语·学而》）。如果已经用尽全力了，但是因为经济条件有限，无法为父母提供更高质量的物质生活，那么这样的子女，也会被称为"孝子"。"善养者不必刍豢也，善供服者不必锦绣也。以己之所有尽事其亲，孝之至也。故匹夫勤劳，犹足以顺礼，歠菽饮水，足以致其敬。"（桓宽：《盐铁论·孝养》）只要倾尽所能以奉养父母，就是孝。即使只能让父母吃煮豆、喝清水，也是孝，也不妨碍对父母敬意的表达。

显然，这一评价尺度不仅客观公正，而且贴合生活实际，极具操作性。让任何处境中的人都能够表达孝心，即使是儿童。虽然他们还没有强健的身体和雄厚的经济实力，但也可以用自己的方式去表达对父母的孝敬之情。如二十四孝故事中的"扇枕温衾"，讲的是九岁黄香的故事。黄香（约68—122），字文强（一作文疆），是东汉时期江夏安陆（今湖北省云梦县）人。在他还是一个九岁孩子时，就很懂得孝顺长辈的道理。每到炎热的夏季，小黄香就拿着扇子对着父母的帐子扇风，直到把枕头和席子扇凉了，把蚊虫扇跑了，让父母睡觉时更觉舒适。等到了寒冷的冬季，黄香就在父母睡觉前自己先躺在被子里，用自己的身体把被子捂热，让父母睡觉时不那么凉。黄香的事迹传到了京城，人们赞扬道："天下无双，江夏黄香。"黄香的孝行，还被记入古代儿童启蒙教材《三字经》中，"香九龄，能温席，孝于亲，所当执"，使其成为儿童的学习榜样。人们之所以如此赞誉黄香，就是因为他年纪虽小，能力很有限，但是在孝养父母方面却做到了尽心尽力。

与此故事相类，二十四孝故事中还有另一个故事"恣蚊饱血"。主人公也是一个儿童。这个儿童叫吴猛，字世云，晋朝时豫章分宁（今江西省九江市修水县）人。吴猛幼年时，母亲就去世了，家中只有他与父亲相依为命。那时候，吴猛只有八岁，因为家里贫穷买不起蚊帐，所以每到夏天的夜晚，他的父亲就会因蚊虫叮咬而无法安睡。吴猛看到这种情况，为了让父亲能睡好，于是自己就赤裸着上身，吸引蚊子来叮咬自己。他想：蚊子喝饱了自己的血，自然就不会再去叮咬父亲，父亲就可以睡个安稳觉了。虽然这样的做法今天我们并不提倡，但是对于八岁的吴猛来说，这是当时他能想到的并且能做到的对父亲尽孝的方式。这分儿童的赤诚孝心，让很多成年人也自愧弗如。

（三）孝与日常生活相融合

1.始终保持和颜悦色。

在与父母的接触中，和颜悦色乃是子女对父母爱心、孝心以及敬意的最直接表现。《礼记·祭义》上说："孝子之有深爱者必有和气；有和气者必有愉色；有愉色者必有婉容。"正是由于孝子对父母有深爱之情，所以在面对父母时才会和颜悦色，才会有和顺、委婉的态度。不过，和颜悦色看似简单，但要时刻保持却不容易。所以，孔子才会说"色难"。与之相比，"服其劳""让其食"更容易做到，"有事，弟子服其劳；有酒食，先生馔，曾是以为孝乎"（《论语·为政》）。《吕氏春秋·孝行览》上也明言："养可能也，敬为难。"在对待父母的态度上，供养和保持敬意相比，供养更容易做到。

2.孝心见于细节。

危难时刻的爱心孝心固然难能可贵，但是更多时候，人们面对的是日常的生活世界，所以把爱心、孝心渗透于日常表现，更具意义。

《孝经·纪孝行章》从居、养、病、丧、祭五大方面，为人们指出日常尽孝的方向和要求，即"孝子之事亲也，居则致其敬，养则致其乐，病则致其忧，丧则致其哀，祭则致其严。五者备矣，然后能事亲。"意思是说，孝子侍养自己的父母，平日里就恭恭敬敬，奉养时就尽心快乐，父母病了就忧虑担心，父母不幸去世就伤心悲痛，祭礼父母时就严肃端庄。只有这五方面都具备了，才能真正称得上侍养孝敬父母。因此，生活中的任何细节和小事，都可以成为孝养父母长辈的载体和方式。如"冬温而夏清，昏定而晨省，在丑、夷不争"（《礼记·曲礼上》）。对于父母的居处，冬天时关心是否温暖，夏天时关心是否凉爽；晚上时为他们安置好被褥枕头，早晨时向他们省视问安；与平辈的人不发生争执，以免让他们担心。再如，"父母之年，不可不知也。一则以喜，一则以惧"（《论语·里仁》）。把父母的年龄，时刻放在心上。一方面为他们的健康高寿而感觉喜悦，另一方面又因为他们在日渐老去、时日无多而感到忧惧，因而就会更加尽心尽力地孝敬他们。再如，"夫为人子者，出必告，反必面，所游必有常，所习必有业，恒言不称老"（《礼记·曲礼上》）。作为子女，在外出前一定要把自己的去向告知父母，回家后一定要及时面见父母，以免他们牵挂担心；出门游历一定要有个经常去的地方，学习也一定要有个固定的方向，平时说话也不能在自称里带"老"字。上述所列的事项，看起来都不是什么特别大的事，但是对这些小事的不同处理方式，却反映了子女对父母的爱心与孝心状况。

徐珂[1]在《清稗类钞》中记载了一件事，能够帮助儿童体会"孝心见于细节"的要求。康熙年间，崇明县（现上海市崇明区）有一个姓吴的老人，已经九十九岁了，妻子也已经九十七岁了。老人共生了四个儿子，中年时家里贫穷，只好把这些儿子卖了。这四个儿子都成了富人家的奴仆。等到他们长大成人后就各自赎身，并娶妻生子，然后兄弟们又聚居在一起共同赡养父母。兄弟四人一共有五间门店，中间一间是家人出入的地方，其余四间分别是老大开的米店，老二开的布庄，老三开的腊味店，老四开的杂货店。这四个儿子对父母极尽孝道。在奉养方面，本来计划老人在每家过上一个月，如此循环。但是儿媳们都表示："公公婆婆老了，如果一月一轮，那么就得等到三个月以后才有机会侍奉他们。感觉三个月太久了。"于是就又计划每天一轮，如此循环。儿媳们又说："公公婆婆老了，如果每天一轮，那么就得等三天以后才能侍奉他们，这也太久了。"最后商定以一餐为标准。如果早餐在大儿子家吃，那么午餐就在二儿子家吃，晚餐在三儿子家吃，第二天早餐在四儿子家吃，如此循环。如果逢五或逢十，四个儿子就在中堂聚餐，老人朝着南坐，东边坐着四个儿子和孙子们，西边坐着儿媳和孙媳妇们。大家按照辈分次序坐好，并依次向老人斟酒祝福，这样的生活方式成为这家人的常态。不仅如此，在老人吃饭地方的后面，还放着一个壁橱。壁橱里每家都放上一串钱，每串有五十文，老人每次吃完饭后，就到壁橱里随手拿一串，然后去街上游玩，买些糕饼、水果等零食吃。每当壁橱里的钱少了，儿子们就暗地里补上，不让老人知道。老人有时去朋友那里下棋，或者赌钱，四个儿子知道了，就派人悄悄拿上二三百文钱，放在老人游玩的人家，并且告诉那家人，假装把这钱输

---

[1] 徐珂（1869—1928），原名昌，字仲可，浙江杭县（今浙江省杭州市）人。光绪年间（1889年）举人。1901年到上海后，担任《外交报》编辑，并由此成为商务印书馆编译所职员，继而任《东方杂志》的编辑。1911年后，担任商务印书馆编译所杂纂部部长。

给老人，老人自己也不知道。所以，每次老人赢了后，常常是很快乐地拿钱回来，这样也就成了习惯了，大概几十年都没变过。

孙奇逢说："孝友非难事，然却非易事。不离日用饮食，总以一念孺慕为主。"（《孝友堂家规》）他还以自家发生的一件小事加以说明："夜来老夫久不成寐，呼韵儿语，杂念渐清，沐孙睡醒，起为老夫搔背痒。余谓韵儿曰：'此念便从孺慕中出，可称孝友堂子弟矣。晨起书之以志勉。'"孙奇逢晚上很长时间都睡不着，于是就喊儿子过来一起聊天。这时候，孙子也醒了，并且还起身为他挠后背发痒的地方。孙奇逢称赞孙子"可称孝友堂子弟矣"。很显然，孙奇逢对孙子的举动满意而欣慰。无论儿子陪其聊天，还是孙儿为其挠痒，都是儿孙孝心和爱心的表达。这段文字虽然简短，但是充盈其中的父子之间、祖孙之间的深厚情感和爱意，都让人倍觉温馨。

显然，这些浸润于生活细节中的爱心、孝心，更具有普遍意义。对于儿童来说，其道德体认与实践基本上就是围绕这些细节展开的。因此，作为成年人，对儿童的引导也应立足于细节，从而达到深刻劝诫的效果。清代理学家陆陇其就很好掌握了这一点。据徐珂在《清稗类抄》中记载，陆陇其[1]在灵寿县当知县时，有一个老妇人曾向他控告儿子不孝。陆陇其把她儿子叫来，结果还是一个不足二十岁的少年。于是，陆陇其对老妇人说："我这官署里还没有僮仆，让你儿子暂时在这里服役吧。等到以后我这里有合适人选了，我就对他施杖刑然后遣送回家。"此后，这位少年就随侍在陆陇其的身边。于是他就看到了如下情景：每天早晨，陆陇其都恭恭敬敬地候在母亲门外，一直到母亲起床等母亲醒来，他就照顾她洗漱和吃早餐。等到了午餐时，他又在旁边服侍着，而且还时不时得像个小孩子一样，喜笑颜开地逗母亲开心。直至母亲吃完了，他才开始吃剩下的食物。晚饭也是如此。每当他有空闲时，就陪着母亲说说笑笑，讲些故事让母亲高兴。如果母亲身体稍有不舒服，他就立刻找大夫买药煎药，即使连着几晚不睡，也看不出疲累烦躁。这样过了几个月，那个少年忽然有一天跪在陆陇其的面前，请求回家看望母亲。陆陇其说："你们母子不是不和吗？为什么还要回去探望呢？"少年哭了，说："我从前不知礼，对母亲不好，现在非常后悔。"于是陆陇其招来他母亲，少年看到母亲以后，立即痛哭着表示悔恨，他的母亲也哭了。母子之间放下嫌隙，陆陇其让母亲带着少年回去了。这个少年回家后就完全变了，后来还因为孝敬母亲而闻名于乡里。陆陇其通过一系列行为为少年做出孝行示范，从而使其受到感化，自觉向善。这种方式，既是一种有效的教化方式，又是儿童少年甚至于成年人道德生活的重要组成部分。

3.浸润于孝的门风中。

在历代统治者的大力倡导下，无论是社会上还是家庭中，都形成了浓厚的重孝氛围。长年累月生活于此氛围中，自然有利于儿童的孝德培养与实践。

---

[1] 陆陇其（1630—692），原名龙其，字稼书，清代浙江平湖（今浙江省平湖市）人。清代理学家，学者称其为当湖先生。

根据现有文献发现，那些以孝传家的家族中，产生了许多大孝子。北宋著名词人秦观的后人，就因"孝友传家"而闻名，不仅有多位子孙被载入《无锡县志》的"孝友传"中，而且还得到乾隆皇帝赏赐的御书匾额，上面题写"孝友传家"四个大字以表彰其优良家风。同时，在明清两代，其家族中的多位子弟还因孝行得到了朝廷的特别表彰。

如秦氏六世秦永孚、秦仲孚兄弟，因为他们的父亲在五十四岁时患上心痛病，吃什么药都不管用，于是他们兄弟俩就每天为父亲按摩胸口，这样过了一段时间后，父亲的病情有所好转。至明成化七年（1471），母亲在上楼时不小心摔下来，左膝盖受伤，流了很多血。夏日炎热，致使伤口发炎化脓，于是兄弟俩又精心侍候母亲，不仅按时为其清洗伤口，上药包扎，而且晚上为她扇扇子驱赶蚊虫。但伤口还是流淌脓液，无法愈合，于是兄弟二人就轮流为她吸尽脓液。直到冬天，伤口才愈合。常州知府听说了这件事以后上疏礼部，请求表彰两兄弟的孝心。最后两兄弟同受旌表。再如秦氏十九世秦开杰、秦凤翔兄弟：嘉庆十六年（1811），他们的父亲赴京城赶考，妻子王氏和两个还年幼的儿子（一个九岁，一个四个月）留在家中。但是父亲在应试落榜后并没有返回家乡，而且也没有关于他的一点消息。后来，兄弟俩遇到一个从新疆经商回来的同乡，得知那里有一个自称秦二的老人。于是兄弟二人争相要去寻亲，最后弟弟秦凤翔在道光二十四年（1844）四月只身前往，并且在迪化（今新疆维吾尔自治区乌鲁木齐）找到了父亲。道光二十六年（1846）十一月，凤翔和父亲一同回到了家乡。在父亲去世以后，无锡士绅为他们请求旌表，并在光绪二十六年（1900）获得批准。祖辈的孝行在秦家代代相传，形成了"孝友传家"的良好家风，这一家风又滋养着家族中的代代子孙。[1]

小结：家训要言

1.孝乃百行之原，万善之首，上足以感天，下足以感地，明足以感

---

[1] 刘晓龙：《孝友传家 世代绵延——无锡秦氏家训及联宗续谱的故事》，《思想政治工作研究》，2017年（9）。

人，幽足以感鬼神，所以古之君子，自生至死，顷步而不敢忘孝焉。今我家严行在孝道，常患不及，故端略述圣贤明孝之格言以告之。（明·曹端：《夜行烛》）

2.为人子，为人女，当行孝道。女子未嫁孝父母，既嫁致孝于舅姑。舅姑者，亲同于父母，尊拟于天地。（明·章圣太后蒋氏：《女训》）

3.凡人家于童子始能行能言，晨朝即引至尊长寝所，教之问曰："尊长兴否何如？昨日冷暖何如？"习成自然。迨入小学，教师于童子晨揖分班立定，细问定省之礼何如。有不能行，先于守礼之家倡率之。童子良知未丧，最易教导。此行仁之端也。（明·霍韬：《渭厓家训》）

4.凡居家，务尽孝养，必薄于自奉而厚于事亲。又推事亲之心以厚于追远，家必有庙，庙必有主。（明·黄佐：《泰泉乡礼》）

5.夫孝在显亲扬名，非止仕进之谓。凡一言一动，不敢贻父母以不令之名。或祖功宗德，临文撰述，播之千古，不令湮没无闻，皆所谓显扬也。（明·费元禄：《训子》）

6.父母当初生我，爱我如金玉，痛我如肺肝，子一有病，祈天祷地，问卜求医，废寝忘餐，惟恐子身不安。子或汤烂火伤，即抚胸涕泪。爱子之心，人人如此。为人子者，以父母爱我痛我之心去爱痛父母，何患不能孝顺乎？（明·黄佐：《泰泉乡礼》）

7.人子或不能常在父母膝下，总要刻刻不忘父母。《诗》云："无父母诒罹。"盖女子一嫁，便离却父母，故以此惕醒之。何况男子，但凡做一事，必想到此事有益我父母否，无玷辱我父母否，不失我父母心志否。涉一处，必想到此处可慰我父母念望否，不为我父母忧虑否。食一美食，穿一好衣，居处一好境界，必想到我父母曾享此否，我今享此，可不愧父母否。当大寒大暑之时，必想到我父母不知安适否，当饥寒困厄之时，必想到我父母不知何如，莫也如此否。时时处处，如此在心，安得尚有不孝之行？且安得不为善人、为吉人？（清·纪大奎：《敬义堂家训》）

8.为人第一件要紧的事是孝顺父母。人的身体是爷娘养出来的，故叫生身父母。（清·陆一亭：《家庭讲话》）

9.小儿初有知觉，即讲以事亲敬长、应对进退，虽嬉戏玩弄，随处诱以正道。及能读书，便先教读小学，使以先入之言为主。服习既久，及至长成，必无大走作。（清·高梅阁：《训子语》）

10.人在世间，皆生于父母。自十月怀胎，三年乳哺，以及延师训读，聘定婚娶，教儿成立，望儿光显。父母之心，何曾一刻放下？这等恩德，千言万语，也说不及万分之一。须要晓得为人子者，日长一日，为父母者，日老一日。若不及时孝顺，因循耽搁，恐百年迅快，到得终天之日，那时懊悔也不及了。（清·余治：《尊小学斋家训》）

兄友弟悌

对于儿童来说，在家庭中，不仅要孝敬长辈，还要友爱兄弟姐妹。这种友爱表现为"友悌"之德。友悌，早在尧舜时代就受到了人们的关注，当时有道德"五教"之说（《尚书·尧典》）。五教即五礼，具体而言，就是"父义、母慈、兄友、弟共、子孝"（《左传·文公十八年》）。春秋时期，古人提出为人的"六顺六逆"。"六顺"即君义，臣行，父慈，子孝，兄爱，弟敬；"六逆"即贱妨贵，少陵长，远间亲，新间旧，小加大，淫破义。（《左传·隐公三年》）其中都涉及"友悌"的内容。管子、孔子、孟子、墨子等也都很重视"友悌"之德，有过许多相关论述。家长认为，"兄友弟恭，人之大伦"（许名奎：《劝忍百箴·兄弟之忍》）。"兄弟辑睦，最是门户久长之道。"（叶梦得：《石林家训》）因此，他们都非常重视对子弟进行"友悌"之德的培养与教导。

一、友悌的基本含义

在中国传统道德文化体系中，"友""悌"是独立的德目，二者常与"孝"并举，称为"孝友"或"孝悌"。同时，二者又合称"友悌"，是处理同辈关系的基本道德要求。

（一）友

友的本义是合作互助、志同道合。在甲骨文中，"友"字是方向相同的两只手握在一起[1]，表达相互协助的意思。东汉许慎则从志同道合的角度对"友"字做了解释，"友，同志为友"（《说文解字》）。由此本义又引申出多层含义。

1. 泛指朋友。

《论语·学而》上说："与朋友交而不信乎？"郑玄："同门曰朋，同志曰友。"由这一层含义，又引申出两层意思：一个是指结交朋友。如"无友不如己者"（《论语·学而》）。一个是表示关系好和亲近。如"嗟！我友邦冢君，越我御事"（《尚书·周书·泰誓上》）。还有平时人们常用的词语：友善、友好、友爱、友军、友谊等等。

2. 特指兄弟之间的友爱。

《尔雅·释训》上说："善兄弟为友。"段玉裁也说："善兄弟曰友。亦取二人而如左右手也。"（《说文解字注》）兄弟的关系就如同左右手一样密切，因此以"友"来表征兄弟之间的友爱。需要注意的是，此处的"兄弟"也包括姊妹。《孟子·万章上》中有一句是"弥子之妻与子路之妻，兄弟也"。因此可知，友也是处理姊妹关系以及兄弟姊妹之间关系的道德规范。

二十四悌故事[2]中的"李绩焚须"，反映的就是姐弟之间的友爱。李绩（594—669）是唐朝的大臣，表字懋功。他原本姓徐，因为唐太宗李世民非常欣赏他，所以赐其李姓，并且还因为他功劳大而被封为英国公。李绩作宰相时，有一次他的姐姐生病了，于是他就亲自烧火为姐姐煮粥。结果一阵风刮来，把火给吹起来了，他的胡须也被烧到了。姐姐看到这个情景就对他说："我们家里有很多的佣人，怎么还要辛苦你来做这些事情呢？"李绩回答道："我亲自做这些事，难道是因为没有人使唤吗？我这样做是

---

[1] 自甲骨文字形观之，像一人之手外加另一人之手，谓协助者为友。（《甲骨文字典》卷三）

[2] 二十四悌故事，源于湖州蔡振绅先生于1930年所编辑的《八德须知全集》（又称"八德故事"）。全书分为四集，每集以"孝悌忠信，礼义廉耻"为核心结集。在每个德目之下，分别列举古人嘉言懿行的典故。这些典故均来自正史故事。以下所引二十四悌故事，均来自此书。

因为姐姐年纪大了，而我的年纪也不小了。即使我想经常为您煮粥，只怕也没有那么多机会了。"[1]

此外，在"友""悌"二德对举时，"友"专指兄姊对弟妹的爱护和照顾。

（二）悌

与"友"相对，"悌"专指弟妹对兄姊的尊敬和顺从。"弟敬爱兄谓之悌。"（贾谊：《新书·道术》）"善事兄长为弟。"（朱熹：《四书章句集注·论语集注》）悌，"分而言之是于兄、长要尊之敬之，顺之从之"（《中国传统道德》规范卷）[2]。悌的这一含义，在古籍经典中通常用"弟"字来表达。[3]

那么，在同辈关系中，年幼者又该如何表达对年长者的敬意呢？有两个故事能为儿童带来一些启发。一个是孔融让梨。孔融（153—208）是东汉末期文学家，孔子的第二十世孙。在他四岁时，与兄弟们一起吃梨，但是他总是拿最小的梨吃，父亲很奇怪，就问他缘由。他回答说："我是小孩子，按理应该拿最小的。"这一举动不禁令人刮目相看，小小年纪，就懂得尊兄敬长；"幼而四岁，知有兄之尊"（方昕：《集事诗鉴》）。而且得到广泛传播和赞扬，还被写入古代儿童启蒙教材《三字经》中"融四岁，能让梨"，成为教导儿童的经典素材。一个是刘瓛束带。刘瓛是南北朝时期南齐的散文家。他为人刚直，注重礼仪。有一次半夜，他的哥哥刘瓛在隔壁房间叫他的名字，但是刘瓛并没有立刻应声，而是下床穿戴齐整后走进哥哥的房间，在他的床边立正，然后才应声了。哥哥怪他回应得慢。刘

---

[1] 初为仆射时。其姊病。绩亲为燃火煮粥。风回。焚其须。姊曰。仆妾多矣。何为自苦如此。绩曰。岂为无人耶。顾今姊年老。绩亦年老。虽欲数为姊煮粥。复可得乎。（二十四悌故事）

[2] 罗国杰主编：《中国传统道德》规范卷，中国人民大学出版社，2012年，第325页。

[3] 根据《说文新附》的说法："悌，从心，弟声。经典通用弟。"《释名·释言语》中亦云："悌，弟也。"至于为何后来，人们又把"弟"写作"悌"，据清代的钮树玉和郑珍考，在汉代时人们已区别了这两个字的用法，"按悌盖涉恺后人并加心"；并推断说，大概是在把"悌"和"恺"并列使用时，一并也给"弟"字加了"心"偏旁。（清代丁福保编纂《说文解字诂林》中说："徐氏曰经典通用弟，按悌盖涉恺后人并加心，汉碑已有悌。钮新附考。樊毅修华岳庙亦有悌，知汉人已别。郑新附考。"）

琎解释说，因为当时自己身上的带子没有束好，如果匆匆忙忙地应答，就会显得不礼貌，恐怕会轻慢了哥哥。所以自己不敢随随便便应答。[1]如此"敬兄"的举动，在古代社会得到了人们的高度赞扬，认为这是名臣风范。当然，在现代社会，其中的细节已经不适用，但是我们却可以从中窥见古人对于悌德的重视与严格践履，其中所包含的精神意蕴也是值得借鉴和吸收的。

需要注意的是，弟、幼对兄、长的敬爱，并不意味着无原则顺从。如果兄、长的行为不当，那么弟、幼也应以恰当的方式对其进行劝阻，以防止其误入歧途。东汉时期的清官名臣郑均[2]为人清廉、谦和。在他辞官归乡后，皇帝在巡视时路过其家还曾亲自上门，并且赐他尚书俸禄终身，故而时人尊称他为"白衣尚书"。关于他的历史记载中，有一件事非常有名。在郑均年少时，他哥哥在县衙里当了个小官，因此经常会有人来赠送礼物。郑均为此多次劝阻哥哥，但是哥哥都听不进去。于是郑均就去别人家作工，一年多以后才回来。他把做工得到的钱物都给了哥哥，并说，钱物其实都是可以通过劳力换来的，如果做官受贿并因此获罪，那么就会身败名裂，一生的名誉都会丧失。他哥哥听了这些话后有所感悟，从此改过迁善，廉洁奉公。

另外，"悌"也指兄弟姐妹之间的友爱和谐。《说文新附》在解释"悌"时就说："悌，善兄弟也。"这一点与前文所提到的友德第二层含义是相同的。

综合上述"友""悌"二德的含义可以看到，作为家庭伦理中的长幼伦理，一方面，"友""悌"分别对应兄弟关系中的"兄（长）对弟（幼）"和"弟（幼）对兄（长）"的不同人伦方向，有其特定的适用范围。友是于兄、长方面的伦理规范的总名；悌，则是于弟、幼方面的伦理

---

[1]　南齐刘琎。字子敬。瓛之弟也。方毅正直。宋泰豫中。为明帝挽郎。其兄尝于夜间隔壁呼之。琎不答。至下床著衣正立。然后应。瓛怪其迟。琎曰。向因束带未完。故不敢应耳。其敬兄如此。是以为一代名臣。（二十四悌故事）

[2]　郑均（?-约96），字仲虞，东平任城（今山东省济宁市任城区）人，东汉尚书。

规范的总名。[1]也就是说，友强调的是兄、长对弟、幼的亲爱、教诲、照顾、谦让和表率，而悌强调的则是弟、幼对兄、长的尊敬和顺从。另一方面，友、悌作为兄弟姐妹之间的道德要求，二者都非常强调彼此之间的亲密友爱。"最重要的是相互爱敬，遇事委曲求全，以保'怡怡'之乐。"[2]这种友爱还"必须自少积累"，"出于至诚，不敢纤毫疑间"，如此才能愈久愈笃。"若才有一毫异心萌于胸中，则必有因而乘之者。初不自觉，忽然至于成隙，则虽欲救，不可及也。"（叶梦得：《石林家训》）这样，作为处理平辈关系的两种基本行为要求，友、悌成为儿童道德生活的重要内容，成为其基本的行为要求及价值指导。

二、古人更重视悌德

不过，需要注意的是，古人对于悌德，给予了更多的关注，进行了更为详尽的论述与倡导。在中国传统伦理话语体系中，相比"孝友"并称，更常并举的是"孝悌"。之所以如此，有其内在的逻辑依据和现实要求。

（一）悌与孝具有内在一致性

就其理论旨归言，孝、悌二者皆为维护封建宗法等级制服务。在古人看来，在家族内部，父子关系、兄弟关系和夫妇关系是非常重要的三种关系。在以父系血缘关系为基础的家族中，父子关系无疑是最重要的。因此，强调父家长的权威，自然是家族伦理中的首要任务。据此，孝作为"善事父母"的道德规范得到了特别强调，而兄弟关系与夫妻关系相比更具优先性。在中国古代，往往父兄并称。敬兄即包含了敬父和尊姐敬宗的意思。故此，在一定时期内，"悌"德也得到了几乎与"孝"同等的强调。

事实上，由于在家族中父兄地位的类比性，以及父子关系和兄弟关系分别代表了家族中纵向和横向辈分之间的关系，因此，"孝"与"悌"在内涵上必然是相互契合和互为补充的。

---

[1] 罗国杰主编：《中国传统道德》规范卷，中国人民大学出版社，2012年，第325页。
[2] 同上。

具体表现在两个方面：第一，"悌"在"孝"中。《管子·五辅》中归纳了孝论的八条要义，包括了君臣关系、父子关系、兄弟关系和夫妻关系，以及这四种关系结构中八种身份的人各自所应具备的德行。指出"为人父者慈惠以教，为人子者孝悌以肃，为人兄者宽裕以诲，为人弟者比顺以敬"。这说明，"悌"的要求就含纳在"孝"的要求中，"悌"是表现"孝"的重要内容和方式。此外，汉代桓宽亦认为，唯有"孝""悌""信"三者兼备，才可谓"孝"。他在《盐铁论·孝养》中说："闺门之内尽孝焉，闺门之外尽悌焉，朋友之道尽信焉，三者，孝之至也。"清代《弟子规》亦云："兄道友，弟道恭，兄弟睦，孝在中。"第二，"悌"与"孝"具有共同的精神内核——敬、顺。孝，要求的是子对父的尊敬和顺从；悌，要求的则是弟对兄、幼对长的尊敬和顺从。"为人弟者比顺以敬。"（《管子·五辅》）"请问为人弟？曰：敬诎而不苟。"（《荀子·君道》）"悌，顺也。"[1]因此，古代不仅有"孝顺"说，还有"悌顺"说。敬和顺，都要求发自内心，是一种内在情感的自然流露和真情表达，而不是被迫行为。北宋周敦颐在《通书·诚下》上说："诚，五常之本，百行之源也。五常，仁、义、礼、智、信，五行之性也。百行，孝、弟、忠、信之属，万物之象也。……非诚，则五常百行皆无其实，所谓不诚无物者也。"若无内心之"诚"，则孝悌之道便不能真正实现，必将流于虚妄不实。并且在儒家看来，对父、兄的敬、顺是否发自内心，不仅关乎家族内部的和谐有序，还关乎国家政局的稳定。《孟子·告子下》云："为人臣者怀利以事其君，为人子者怀利以事其父，为人弟者怀利以事其兄。是君臣、父子、兄弟终去仁义，怀利以相接，然而不亡者，未之有也。……为人臣者怀仁义以事其君，为人子者怀仁义以事其父，为人弟者怀仁义以事其兄，是君臣、父子、兄弟去利，怀仁义以相接也。然而不王者，未之有也。"这说明，如若为人子者和为人弟者心怀算计、谋利之意以对待其父、其兄，甚

---

[1] 此意在多处古籍中可见，如成玄英《庄子疏》的天运篇中"夫孝悌仁义"一句的注释；再如赵岐《孟子章句》的滕文公下篇中"出则悌"一句的注释。

至会成为国家灭亡的导火索；反之，则会有利于国家昌明。

在古人看来，悌不仅与孝具有内在相通性，而且与仁、义、礼、智四德也紧密勾连在一起。所以在中国传统伦理话语中，悌得到了比友更多的重视和宣扬。

（二）悌德的培养，有利于仁、义、礼、智四德的形成

仁、义、礼、智，即孟子提出的"四端"，是人之为人的四种基本道德属性，也是中国传统伦理文化的核心内容"五常"中的"四常"，其重要性不言而喻，但是朱熹却将"孝悌"视为此四德的根本，认为"孝悌"就反映了四德的核心价值和实际内容。他说："只孝弟是行仁之本，义礼智之本皆在此：使其事亲从兄得宜者，行义之本也；事亲从兄有节文者，行礼之本也；知事亲从兄之所以然者，智之本也。……舍孝弟则无以本之矣。"（朱熹：《朱子语类》卷二十）由此可见，孝悌之德对于儿童形成完整高尚品格的重要性。

首先，悌是培养仁的根本。

《管子·戒》上说："孝弟者，仁之祖也。"唐代房玄龄解释："仁从孝弟生，故为仁祖。"（《管子注》）把孝悌看作是仁的根本。孔子继承了这一思想，他明确言道："孝悌也者，其为仁之本与！"（《论语·学而》）

何谓仁？仁是孔子思想体系的核心，也是整个儒家思想的中心范畴。"仁者人也。"（《中庸》）仁，就是爱人。它以父系血缘关系为基点，不断向外扩散，形成一种由近而远、由亲而疏的等差之爱。这样的仁德，实质上就是通过血缘关系而建立起一整套适用于整个社会的普遍必然的伦理秩序，这种秩序由"孝""悌"起始，既维护了严格的等级关系，又体现了仁爱精神。其目的是不仅融通了家与国的道德建构，使家与国联系起来，"其为人也孝弟，而好犯上者，鲜矣；不好犯上，而好作乱者，未之有也。君子务本，本立而道生"（《论语·学而》）。而且使个体的修身齐家与治国平天下的国家理想具有了逻辑上的顺承性和延展关系。"身修而后家齐，家齐而后国治，国治而后天下平。"（《大学》）

其次，悌体现了义的实质。

孟子说："仁之实，事亲是也；义之实，从兄是也。"（《孟子·离娄上》）事亲（侍奉父母），体现了仁的实质精神，从兄（敬顺兄长），则体现了义的实质精神。

那么，何谓义？许慎在《说文解字》中说："义，己之威仪也，从我从羊。"段玉裁解释：虽然古时"义"与"仪"互假，但今人在使用"义"字时其意义已远超"威仪"的范围，"义之本训谓礼容各得其宜。礼容得宜则善矣"（《说文解字注》）。"义"的内涵，就是"宜"；指个体要行事得宜、分寸得当。"义者行事之宜"（朱熹：《四书章句集注·孟子集注》），特别是在人与人的关系网络中，"宜"尤指个体应遵从与其自身地位相适应的道德要求和道德准则。如《管子·心术》上说："君臣父子人间之事，谓之义。……义者，谓各处其宜也。"对于在人事上的这种"合适"和"适宜"的具体表现，《管子·五辅》作了总结，认为主要包括七个方面，即"义有七体"。"七体者何？曰：孝悌慈惠以养亲戚，恭敬忠信以事君上，中正比宜以行礼节，整齐撙诎以辟刑戮，纤啬省用以备饥馑，敦蒙纯固以备祸乱，和协辑睦，以备冠戎。凡此七者，义之体也。"这说明，敬顺兄长的悌德，正是在兄弟长幼关系中弟、幼方面对兄、长方面的合宜行为，而这种合宜行为，就是"义"的内容和要求，反映了"义者宜也"的实质精神。

再次，悌是行礼的行为。

儒家不仅把悌与仁、义相联系起来，而且也把悌与礼制观念进行结合，孟子在"仁之实，事亲是也；义之实，事兄是也"之后，还说了一句："礼之实，节文斯二者是也。"（《孟子·离娄上》）意思是说，对上述二者适当地加以调节和修饰，就体现了礼的实质精神。

何谓礼？礼是中国古代社会的典章制度和道德规范。它维护的是国家上层建筑以及与之相适应的人与人交往中的礼节仪式，同时作为人的基本德行之一，礼还为所有人的行为提出了标准和要求。《管子·五辅》中说："民知义矣，而未知礼，然后饰八经以导之礼。"民众已经明白要行事得宜，但却不知道如何做才算是恰当合适。于是以"八经"来引导人们知礼行礼。那么，什么是八经呢？"上下有义，贵贱有分，长幼有等，贫富有度。凡此八者，礼之经也。"此处所论述的"礼"并非指具体的礼节仪式，而是在强调礼的宗旨和精神，即礼的推行和践履，实际上就是要实现这样一种局面：上下各有礼义，贵贱各有本分，长幼各有等次，贫富各有限度。荀子对此有更加明确的论说："礼者，贵贱有等，长幼有差，贫富轻重皆有称者也。"（《荀子·富国》）如果每个人都能依照礼的精神行事，则会在贵贱、长幼、贫富等各种等级关系中都能处于恰当、合宜的地位。那么，礼的具体表现如何呢？荀子说："礼也者，贵者敬焉，老者孝焉，长者弟焉，幼者慈焉，贱者惠焉。"（《荀子·大略》）意为能够对贵者敬，对老者孝，对长者敬顺，对幼者慈爱，对卑贱者有恩惠，这就是行礼。

可见，强调长幼有序、敬顺兄长的悌德，不仅本身是礼德的重要内容和载体，而且也是封建礼制所要维护和实现的内容之一。

最后，悌内蕴着智。

关于悌与智的关系，孟子与朱熹都有过明确的阐述。孟子认为："智之实，知斯二者弗去是也。"（《孟子·离娄上》）此语是紧跟在"仁之实，事亲是也；义之实，从兄是也"一句之后，顺沿上文的思路，其义应该是：知道了"仁之实"和"义之实"而能坚持下去，就体现了智德的精神。朱熹也说："知事亲从兄之所以然者，智之本也。"（朱熹：《朱子语类》卷二十）能够认识到为什么要事亲从兄的缘由，这就是智德的根本。

何谓智？在中华民族的传统美德中，智是最基本、最重要的德目之一。儒家对其非常重视，《论语》里就出现了大量的"知"[1]字，其义主要是指对各种道德规范的认知以及对善恶的认识，并认为真正的知识首先是对美德的认识。[2]孟子继承了这一思想。他指出：智乃是人的一种道德认

---

[1] 古代的"知"与"智"在内涵上有相似之处，主要是指道德认知与道德理性。

[2] 中国思想政治工作研究会、中宣部思想政治工作研究所组织编写：《中国人的美德——仁义礼智信》，中国人民大学出版社，2006年，第140页。

知能力，是"是非之心"，人们凭此去判断一种现象或一种行为的善恶是非、认知社会道德规范并加以实践；不仅如此，智本身还是一种崇高的精神境界，与"仁"一起构成了人的至高修养。儒家把孝悌与智联系在一起来论说，归根到底还是要强调孝悌的重要性。孟子和朱熹的两段话所蕴含的意思是：第一，人们在生活中所遵从的孝悌之德，并非盲目之举，而是经过复杂的认知过程，其间可能经历过多次的、反复地考察、判断和反思过程。因此，孝悌的践履乃是一种理性行为，而非盲动。第

二，孝悌实践亦和人生的修养境界有关。它不仅生动体现了人们修养境界的高低，而且还是达至较高境界的修养路径。

三、友悌的实践

"内睦者，家道昌。"（林逋：《省心录》）中国人认为和睦家庭不仅会带来家族的繁盛，而且还有益于国家的和谐昌盛。而在营造家族和谐中，兄弟关系则成为一个重要因素。因此，无论友、悌，都非常强调兄弟姐妹之间的和谐互助，主张"同居长幼贵和""兄弟贵相爱"（袁采：《袁氏家范·睦亲》）。

（一）和谐互助是友悌的共同追求目标

1.血缘关系是兄弟和谐互助的重要物质基础。

"兄弟同胞一体。"（石成金：《传家宝》初集卷五《安乐铭》）"兄弟者，分形连气之人也。"（颜之推：《颜氏家训·兄弟》）兄弟之间具有深厚的血缘关系，是除父母之外最亲近的人。《诗经·小雅·棠棣》作为中国诗歌史上最早歌唱兄弟友爱亲情的杰作，以"棠棣"花瓣连理相依来形容兄弟之间的亲密无间，反复强调了兄弟之间的互帮互助。"棠棣之华，鄂不韡韡。凡今之人，莫如兄弟。死丧之威，兄弟孔怀。原隰裒矣，兄弟求矣。脊令在原，兄弟急难。每有良朋，况也永叹。兄弟阋于墙，外御其务。每有良朋，烝也无戎。"凡今天下之人，没有比兄弟更亲近的了。遭遇死亡威胁时，兄弟是最关心自己的人。如果丧命埋葬在荒野，兄弟也会来寻找；遇到急难时，兄弟会赶来救助；面对外来欺侮时，兄弟能同心抵抗。兄弟间的这种情感，更胜过良朋好友间的情谊。在这首诗歌中，还表达了兄弟和睦（兄弟既翕）对家室安定（和乐且湛）的重要性。

当然，兄弟间的亲近互助，不仅要表现于急难之时、御侮之时，更应存在于日常生活中的点滴与细节中。"温公爱兄"[1]的故事，就极好地反映了这一点。温公，即宋代名儒贤相司马光[2]。他为人孝友忠信，与哥哥司马旦感情非常好，彼此间极为友爱。在哥哥八十岁的时候，司马光对待他的态度，既如同对待父亲一般敬重，又如同对待小孩子一般照顾。每次吃饭只要稍微迟点，他就会关心地问哥哥："你是不是饿了？"每当天气稍微冷点，他就会抚着哥哥的后背说："你的衣服薄不薄？觉得冷吗？"清代李文耕[3]评论："司马光真是一代完人。他对待哥哥，就好像对待父亲似的尊

---

[1] 宋司马温公、名光。字君实，孝友忠信，为一代名儒贤相。与其兄伯康名旦，友爱甚笃。伯康年八十，公奉之如严父，保之如婴儿。每食少顷，则问曰："得无饥乎？"天少冷，则抚其背曰："衣得无薄乎？"李文耕曰：温公一代完人，孝友出于性。其于伯兄，奉之如严父，敬之至也；保之如婴儿，爱之至也。饥寒饱暖，刻刻关心，不几于听无声、视无形乎。（二十四悌故事）
[2] 司马光（1019—1086），字君实，号迂叟，陕州夏县涑水乡（今山西省夏县）人，世称涑水先生。北宋著名政治家、史学家、文学家。
[3] 李文耕（1763—1838），字心田，云南昆阳（今云南省昆明市晋宁区）人。

重，这种态度可谓敬极；又好像对待婴儿似的关怀照顾，这种态度可谓爱极。"司马光认为："弟之事兄，主于敬爱。"（《家范》）他自己就很好地践履了这一要求，可谓友悌典范。

2.构建兄弟间和谐友爱的良好氛围，兄、长一方理应发挥更大作用。

友的一个重要含义，就是平辈关系中对兄、长一方的专门要求。《左传·昭公二十六年》上说："兄爱而友。"《荀子·君道》上也说："请问为人兄？曰：慈爱而见友。"由于兄、长与弟、幼相比，在年龄、阅历以及身份上具有诸多优势，因此，一方面，人们明确反对兄、长对弟、幼的粗暴欺凌。"毋得挟其年长，而以暴慢恣睢之行施之，浸假兄姊凌其弟妹，或弟妹慢其兄姊。"[1]另一方面，古人认为，"兄不友则弟不恭"（颜之推：《颜氏家训·治家》）。在兄弟关系中，兄更具主导性，其表现在很大程度上决定了这一关系的走向和具体面貌。因此，强调在实现兄弟友爱方面，兄、长更应为弟、幼做出榜样和示范。

经过长期的教育熏陶和践履浸润，就使得家族中的兄、长逐渐形成了以友爱弟、幼为义务和责任的自觉意识和自觉行为。

[1] 高平叔编：《蔡元培全集》第二卷《中学修身教科书·兄弟姊妹》，中华书局，1984年，第204页。

具体来说，兄"爱而友"包括如下几个方面：

一是宽容。"为人兄者宽裕以诲。"（《管子·五辅》）"仁人之于弟也，不藏怒焉，不宿怨焉，亲爱之而已矣。"（《孟子·万章上》）近代学者康有为也特别指出："兄弟与父子不同，祇可以恩，不能以威。"（《南海师承记·讲孝弟任恤宣教同体饥溺》）这说明，虽然在传统社会的家庭中，兄之地位与父之地位具有类比性，但是对二者的道德要求又有着重要差别。

《史记·五帝本纪》上所记载的舜友爱弟弟的故事，就突出表达了这一点。舜的母亲去世以后，父亲瞽叟再娶了一个妻子。这个妻子又生下了一个儿子，叫作象。象虽然为人桀骜不驯，但是瞽叟却很喜欢他，于是瞽叟和象多次设计杀掉舜。有一次，他们假意让舜登高去修补谷仓，在舜登上谷仓后，就在下面点了一把火，试图烧死舜，但是舜却手持两个大斗笠，借用其浮力，从谷仓上平稳地跳了下来。于是，他们又让舜去挖井。为防不测，舜在挖井时，就特意在侧壁凿出一条通往外边的暗道。果然，当舜挖到深处时，瞽叟和象就开始往里面倒土，想要把舜活埋在井里面。瞽叟和象以为这回舜肯定活不成了，于是高兴地一起商量着怎么瓜分舜的财产。象说："这个主意是我出的，舜的老婆（尧的两个女儿），还有尧赐给他的琴，就归我了。至于牛羊和谷仓，就都归你们吧。"于是，象住进了舜的屋子里，还弹起舜的琴。舜从暗道逃出去以后，回到了家中。象一见到舜，非常惊愕，但立刻摆出一副忧郁、难过的样子说："我正在想念你呢，想得我好难受啊。"舜虽然知道这一切都是父亲和弟弟暗中谋划的，但还是像以前一样侍奉父母，友爱兄弟，而且更加恭敬谨慎。并且在登上帝位后，还是非常尊重父亲，并且封弟弟象为诸侯。"载天子旗，往朝父瞽叟，夔夔唯谨，如子道。封弟象为诸侯。"

二是教诲。因"兄姊之年，长于弟妹。则其智识经验，自较胜于幼者"，故"为兄姊者，于其弟妹，亦当助父母提撕劝戒之责"[1]。兄对弟的教诲，是兄应该做的事；弟接受兄的教诲，则是弟应该做的事。如果"兄不知教""弟不率教"，则二者都没有做到自己应该做的事，谓之"不兄""不弟"（王十朋：《家政集》）。

教诲的内容极为广泛。"非止若今之世俗，教其通章句、缀文辞、习技艺而已，又非止教其治生业、晓财利、止若今识簿书而已"，主要在于"为人之道"（王十朋：《家政集》）。因此，家长主张教诲必须坚持正确理念。如曾国藩就强调要"爱之以德"。对于弟、幼，要"教之以勤俭，劝之以习劳守朴"，反对"丰衣美食，俯仰如意"的"姑息之爱"，认为后者会"使兄弟惰肢体，长骄气，将来丧德亏行"（《曾国藩全集·家书·致澄弟温弟沅弟季弟》道光二十九年三月二十一日）。再如"廷机教弟"的故事，就是兄长教导弟弟正确的礼仪，从而使其言行举止符合相关要求。李廷机[2]和弟弟是难兄难弟。当他做了大学士时，弟弟还是个普通平民。有一次，弟弟从家乡到京城来看望他，戴着方巾[3]，穿着鲜艳美丽的衣服。李廷机问了他家里的事情，还说了一些寒暄慰劳的话。说过以后，他看着弟弟的方巾露出奇怪的神情。他问弟弟："你已经进学、中了秀才吗？"弟弟说没有。他又问："你是纳了粟、捐了官职吗？"弟弟还是说没有。然后，李廷机就问弟弟原来的帽子放到哪里去了。弟弟说放在袖子里了。李廷机说："你还是戴回原来那个帽子吧，不要随波逐流，跟着别人学，追求虚荣。"他的弟弟听哥哥这么说，立刻就把帽子换下了，一点也没表现出为难不满的样子。[4]李廷机之所以如此教导，是希望弟弟能够不失礼仪。因为在古代按照礼制，平民身份的弟弟不该戴着方巾。

---

[1] 高平叔编：《蔡元培全集》第二卷《中学修身教科书·兄弟姊妹》，中华书局，1984年，第203~204页。
[2] 李廷机（1542—1616），字尔张，号九我，晋江浮桥（今福建省泉州市）人。明末大臣。
[3] 明代文人、处士所戴的软帽。
[4] 文节昆仲。可谓难兄难弟矣。兄已官至学士。而弟仍布衣。至偶戴方巾。即使易冠。人几疑为不相容。实则爱之以德。不忍其弟失礼耳。而弟亦奉命惟谨。略无难色。尤为人所难能。（二十四悌故事）

三是以身作则。一方面，若使兄姊对弟妹的教诲具有说服力，就不能单靠耳提面命，还必须自身先做到，"先正其身以率之"，身教重于言教。如果为长者不能自正其身，则"虽有谆谆之诲，彼且得以为辞，而望其率教难矣"（王十朋：《家政集》）。另一方面，由于兄弟姐妹共处一个大家庭中，平日里的接触比较多，很容易受其影响，"故年长之兄姊，其一举一动，悉为弟妹所属目而摹仿，不可以不慎也"[1]。兄姐应自觉为弟妹树立正面的榜样，发挥引领作用。

曾国藩针对诸弟在家读书，不知每日如何用功一事，就以自身为例，通过详细描述自己的具体做法来说明士人读书要有志、有识、有恒。"盖士人读书，第一要有志，第二要有识，第三要有恒。有志则断不甘为下流；有识则知学问无尽，不敢以一得自足，如河伯之观海，如井蛙之窥天，皆无识者也；有恒则断无不成之事。此三者缺一不可。""余自十月初一立志自新以来，虽懒惰如故，而每日楷书写日记，每日读史十页，每日记茶余偶谈二则，此三事未尝一日间断。十月二十一日立誓永戒吃水烟，洎今已两月不吃烟，已习惯成自然矣。予自立课程甚多，惟记茶余偶谈、读史十叶、写日记楷本，此三事者，誓终身不间断也。诸弟每人自立课程，必须有日日不断之功，虽行船走路，俱须带在身边。"（《曾国藩全集·家书·致澄弟温弟沅弟季弟》道光二十二年十二月二十日）

四是保护、抚养。"兄弟之于姊妹，当任保护之责……而为姊妹者，亦当尽力以求有益于其兄弟。"如果不幸而父母早逝，弟妹尚未成人，"则为兄姊者，当立于父母之地位，而抚养其弟妹"[2]。即使是兄弟姐妹皆已成年，父母离世后，也应互帮互助，"兄弟相顾，当如形之与影，声之与响"（颜之推：《颜氏家训·兄弟》）。

汉朝时，有个叫许武的人，他的父亲早死，留下两个弟弟。一个叫许

---

[1] 高平叔编：《蔡元培全集》第二卷《中学修身教科书·兄弟姊妹》，中华书局，1984年，第204页。

[2] 高平叔编：《蔡元培全集》第二卷《中学修身教科书·兄弟姊妹》，中华书局，1984年，第204~205页。

晏，一个叫许普，当时都还年幼。于是每次耕田时，许武都带着两个弟弟，让他们在旁边看着。等到了晚上，许武就自己教两个弟弟读书认字。后来，许武举了孝廉，但是两个弟弟还没有名望，于是他把家产分作三份，自己占了最肥沃的田地和宽敞的房屋，而那些比较差的田地和房屋都分给了弟弟。因为此事，人们都赞扬弟弟谦让，鄙视许武贪婪。等到后来两个弟弟也被推举为孝廉，许武就把亲朋好友召集到一起，哭着说明当时那样做是出于成就弟弟的苦心。这时，他把所有的家产都让给了两个弟弟。[1]

（二）友悌的社会价值

友悌，虽然是一种重要的家庭美德，但是其作用范围却并不止于家庭家族内部，而是可以推扩至更为广阔的社会生活。

我们知道，传统长幼伦理的基本规范是兄友弟悌、长幼有序。其中更多的是要维护兄、长的权威以及强调弟、幼的义务，从而为封建宗法等级制服务。这一点需要认真辨析。但同样值得重视的是，传统长幼伦理也特别强调兄弟姐妹之间要互敬互爱，和谐共处，以获"怡怡"之乐。这一精神内核，在长期促进中华民族家庭"内睦家昌"和整个国家"外睦事济"、团结和谐方面向来都发挥着重要的作用。

1.友悌是处理同辈之间关系的道德规范，这种同辈关系却并不局限于亲兄弟姐妹之间。

平辈关系，不仅包括亲兄弟姐妹关系，还包括表兄弟姐妹、堂兄弟姐妹的关系。并且，这种同辈关系也不仅限于具有血缘关系的兄弟姐妹之间。同辈关系的范围极广，还包括同学关系、同事关系，以及一切与自己年龄相仿的发生联系的人们的关系。在这些关系中，友悌之德都具有其实现的必要和可能。

这是因为，一方面，儒家向来都极为强调"老吾老，以及人之老；幼吾幼，以及人之幼"的道德外推模式，鼓励和提倡某些道德践行的领域由

---

[1] 汉许武，父卒。二弟晏普幼。武每耕。令弟旁观。夜教读。不率教。即自跪家庙告罪。武举孝廉。以弟名未显乃析产为三。自取肥田广宅。劣者与弟。人皆称弟而鄙武。及弟均得选举。乃会宗亲。泣言其故。悉推产于弟。（二十四悌故事）

家族内部推扩至家族外部。孔子说："弟子，入则孝，出则悌。"（《论语·学而》）荀子说："遇乡则修长幼之义，遇长则修子弟之义。"（《荀子·非十二子》）明确指出孝悌不应仅局限于家族范围，还要将之向外推扩。《礼记·祭义》则对这种推扩进行了具体化说明："七十杖于朝，君问则席，八十不俟朝，君问则就之，而弟达乎朝廷矣。行，肩而不并，不错则随，见老者则车、徒辟，斑白者不以其任行乎道路，而弟达乎道路矣。居乡以齿，而老、穷不遗，强不犯弱，众不暴寡，而弟达乎州、巷矣。古之道，五十不为甸徒，颁禽隆诸长者，而弟达乎搜狩矣。军旅什伍，同爵则尚齿，而弟达乎军旅矣。"上至朝廷议事，下至乡野村镇州巷道路、搜狩军旅，在如此广阔的社会领域中悌德处处可行。在礼仪体系中的"乡饮酒礼"，其实就是通过严格按照年岁长幼顺序以安排饮酒先后的礼仪，来向普通百姓宣传尊老敬长的一种伦理教育。正如李觏所说："推事父之恩，而为养老之礼。广事兄之义，而为乡饮酒礼。"（《李觏集·与胡先生书》）

另一方面，中国传统社会又非常强调"四海之内，皆兄弟也"（《论语·颜渊》）。在广阔的社会生活中，与个体在某一时刻发生了某种联系的、进入到其视域中的他人，都可以成为自己的兄弟。《孝经·广至德章》云："教以悌，所以敬天下之为人兄者也。"显然地，今天随着人们公共交往和公共生活领域范围的迅速扩大，社会交往关系其实变得更加广泛和多层面了。"如能把社会主义社会看成一个大家庭，传统长幼伦理则比以往更具实用价值。如能正确发扬这一传统，在全社会形成敬老爱幼的风气，社会主义大家庭会显得更为和谐和美满。"[1]因此，友悌之德在今天应该得到大力弘扬。

2.友悌强调的是一种道德秩序，有利于儿童在生活实践中遵守礼节和规矩。

孔子曰："悌，德之序也。"（《孔子家语·弟子行》）友悌所注重的

---

[1] 罗国杰主编：《中国传统道德》规范卷，中国人民大学出版社，2012年，第325~326页。

是长幼之间的严格顺序，即"长幼有序"。根据颜元的解读："因人兄弟相敬，便教他兄友弟恭。无论男兄弟，女兄弟，都是兄爱其弟，弟尊其兄，一坐一行都有礼法，不得欺侮，不得僭越，这叫作'长幼有序'。"（《颜元集·存人编·唤迷途》）显然地，传统社会中的"长幼有序"是在强调兄、长和弟、幼之间的尊卑关系和等级差别，但另一方面，其中的积极意义也是显而易见的——在对这种规矩和礼法的长期践履和潜移默化中，儿童的秩序习惯和规则意识必然会得到持续滋养和不断强化，从而培养其在家族生活和社会生活中知礼懂礼、进退有度、言行有据。正如《孝经·广要道章》所言："教民礼顺，莫善于悌。"

同时，悌德也是古代社会理想人格的必备德行。子贡曾问孔子怎样做才能算作"士"？孔子在回答中把"士"的要求分成了三个层次，第一层次是"行己有耻，使于四方，不辱君命"；第二个层次就是"宗族称孝焉，乡党称悌焉"；第三个层次是"言必信，行必果"（《论语·子路》）。孟子也说："君子居是国也，其君用之，则安富尊荣；其子弟从之，则孝悌忠信。'不素餐兮'，孰大于是？"（《孟子·尽心上》）士和君子，皆为中国传统社会所推崇的理想人格，虽然在其序列中处于不同的位阶，但是都堪称道德榜样，具有广泛的社会影响力，都能以自身的言行举止对社会风尚进行引领和导向。这样，通过对儿童进行友悌之德的教诲和培养，就有利于引导其塑造理想人格，成为社会榜样。

可见，友悌不仅是维护封建宗亲关系的重要纽带，而且也是维护社会秩序的一种基本道德力量，能够促进人际和谐、社会安定、国家长治。

3.友悌之德的养成还有利于儿童社会道德和政治道德的养成。

在传统中国，由于家国同构的社会结构以及政治伦理化的国家管理模式，适应于家族宗亲关系的伦理规范，在向外推移之后，往往就能够适用于政治领域和社会领域，推演而成国家道德，如最著名的"移孝为忠"的道德政治理念，"事亲孝故忠，可移于君；事兄悌故顺，可移于长；居家理故治，可移于官"（《孝经·广扬名章》）。

基于此种思维范式，思想家们都非常相信由家族伦理的道德训练开始，在具备了成熟的家族美德后，就可以导引出成熟的社会道德和政治道德，并由此带来社会的和谐和国家的安定。"民入孝弟，出尊长养老，而后成教；成教而后国可安也。"（《礼记·乡饮酒义》）"所谓治国必先齐其家者，其家不可教而能教人者，无之。故君子不出家而成教于国：孝者，所以事君也；弟者，所以事长也；慈者，所以使众也。"（《大学》）在此意义上，孟子一言以蔽之，"尧舜之道，孝弟而已矣"（《孟子·告子下》）。既然以孝悌为代表的家族伦理是形成社会道德和政治道德的基点，因此就必然得到至高的礼遇和充分的高扬。汉文帝曾下诏曰："孝悌，天下之大顺也。"（《汉书·文帝纪》）近代孙中山先生亦云："国民在民国之内，要能够把'忠孝'二字讲到极点，国家才自然可以强盛。"（《三民主义》）可见，在他们看来，孝悌并非仅限于一家一族内部的狭窄范围，而是可以延伸至广阔的社会生活和政治生活中的。这一观念直至近代仍具有广泛的认同度。如20世纪初，梁启超曾在《新民说》中对"私德""公德"的关系问题进行过系统论述，他强调"公德者，私德之推也"。其逻辑理路可谓与传统儒家思想一脉相承，如果忽视掉私德和近代意义的公德在接构上的实践难题，则在良好的私德培养必然有利于公德的培养这一点上，当为共识。

与善事父母、善事兄长、善友兄弟的"孝悌"观念紧密相连的"尊老爱幼"，不仅是中华民族传统美德，而且是社会主义道德和社会主义核心价值观的重要内容。因此，友悌之德的核心精神和那些具有时代超越性的具体做法，直至今天，仍然构成了家风家教的重要组成部分，理应成为当代儿童学习和实践的道德内容。

小结：家训要言

1.父没母老，兄弟最须和睦，尊卑长幼，各安其分。长者发言行事，或有过当处，则少者须忍。少者或有过当处，则长者须忍。但忍过一事两事，两不留意，自然和睦。（明·杨士奇：《杨士奇家训》）

2.子孙须恂恂孝友，实有义家气象。见兄长，坐必起，行必以序，应

对必以名，毋以尔我。（明·曹端：《家规辑略》）

3.凡人家于童子始能行能言，凡坐必教之让坐，食必教之让食，行必教之让行。晨朝见尊长，即肃揖，应对唯诺，教之详缓敬谨。自幼习之，亦如自然。迨入小学，不别贫富贵贱，坐、立、行俱以齿。晨揖分班立定，必问在家在道见尊长兄长、礼节何如。有不能行，敦切喻之，先于守礼之家倡率之。此由义之端也。（明·霍韬：《渭厓家训》）

4.你兄弟须要恭敬相处，但知骨肉当厚，勿问其他。《诗经·棠棣》一篇并注解熟读之，必有感悟处。（明·杨爵：《杨忠介家书》）

5.凡遇尊长于道，皆徒行，则趋进揖。尊长与之言，则对，否则立于道侧，以俟尊长已过，乃揖而行。或皆乘马，于尊者则回避之，于长者则立马道侧，揖之，俟过，乃揖而行。若己徒行而尊长乘马，则回避之。凡己徒行，遇所识乘轿者，皆仿此。若己乘马而尊长徒行，望见则下马，前揖。己避亦然。过既远，乃上马。若尊长令上马，则固辞。遇敌者皆乘马，则分道相揖而过。彼徒行而不及避，则下马揖之，过则上马。遇少者以下皆乘马，彼不及避，则揖之而过。或欲下，则固辞之。彼徒行不及避，则下马揖之。若于幼者，则不必下可也。（明·黄佐：《泰泉乡礼》）

6.孝弟为为仁之本，则弟亦百行先也。人苟不弟，不可以言孝。自父母视之，本是一体，稍有参商，父母之心便怆然不安。故见兄弟常如见父母，则至性流通，自不敢薄待兄弟矣。（清·傅超：《傅氏家训》）

7.兄弟如手足，痛痒相关。自幼出胎，同依膝下，情生熟悉，血脉贯通。天合之亲，父子而外，兄弟为最。彼此或有不满处，当视如手误伤皮，齿误嚼舌，便宜不出外方，一笑登时解释。（清·沈启潜：《沈氏家训》）

8.兄须爱其弟，弟必敬其兄。勿以纤毫利，伤此骨肉情。（清·王士俊：《闲家编》）

9.父兄并称，故谚云："长兄如父。"其年龄既长，其阅历必多。为之弟者，自应受其训诫，敬而事之。凡事禀承，自有裨益。若俨然抗行，是谓不弟，必非福器。（清·汪祖辉：《双节堂庸训》）

10.兄弟是一父母所生，同气连枝，譬之手足，最不可分你我。乃世情日薄，每因细小差错，致争论挺撞，贻笑外人，把一副好手脚弄得左瘫右痪，做个半死人，岂不可惜！（清·余治：《尊小学斋文集》）

广交益友

　　朋友关系，作为一种基本的人际关系，是政治关系、家庭关系之外的重要社会关系。自古以来就得到人们的珍视。早在先秦时期，孟子就把朋友与父子、君臣、夫妇、兄弟并列一起，使之成为封建社会五种基本伦理关系之一[1]。人们认为，朋友关系对一个人的德业、学业和事业都具有极为重要的影响。"人生德业成就，少朋友不得。"（吕坤：《呻吟语·伦理》）"既要立身，须得良友。"（佚名：《辩才家教》）"独学而无友，则孤陋而寡闻。"（《礼记·学记》）"独立无朋，夙夜兢兢，而学未加进。"（刘清：《宋元学案》卷五十九，《静春先生语》）任何人的成功都离不开朋友的助力，"自天子至于庶人，未有不须友以成者"（朱熹：《四书章句集注·论语集注》）。从古至今，家长们都非常重视家中子弟的交友问题，相应地，儿童也从小就接受了相关的教诫与培训。

一、对朋友关系的深刻体认

　　从字源上来看，"朋"与"友"字的单独出现都很早，《周易·坤》上有"西南得朋""东北丧朋"的句子；《诗经》中的"友"字则出现了很多次，如《小雅·伐木》中说："嘤其鸣矣，求其友声。相彼鸟矣，犹求友声；矧伊人矣，不求友生。"林间小鸟尚且嘤嘤求友，何况人呢！这说明交友乃是人的重要需求。同时，也出现了"朋""友"二字连用的情况，如《大雅·抑》中有"惠于朋友"句，等等。

---

[1]　父子有亲，君臣有义，夫妇有别，长幼有序，朋友有信。（《孟子·滕文公上》）

那么，朋友关系是一种什么样的社会关系呢？古人对"朋"和"友"分别进行了解说："同门曰朋，同志曰友。"（《白虎通·三纲六纪》）即跟随同一个老师学习的同学是朋，而志同道合、情趣相投的人是友。尽管古人对朋、友的含义界定不同，但是当二者连用时，其含义多偏重于后者，即志趣相合的人。这也就意味着只要满足了这一条件，任何人都可以结为朋友。因此，广交朋友就是一种较易于实现并且受到积极鼓励的态度。不过，这并不代表可以泛交和滥交，还必须重视朋友的质量。因为任何个人，无论贫富贵贱、智愚贤佞，都不可避免地会受到朋友的影响。

（一）延展性和渗透力

朋友间的影响，在广度上，几乎涉及人生的各个方面，小到日常生活中的一言一行，大到关于人生、世界的整体价值观念。在力度上，更是持续不尽，有时甚至超过老师、父母、兄弟和爱人。一方面，个体在某些特定的成长阶段，对老师、父母、兄弟和爱人的话可能置若罔闻，但是对朋友的话却甘之如饴，言听计从；"人生二十内外，渐远于师保之严，未跻于成人之列，此时知识大开，性情未定，父师之训不能入，即妻子之言亦不听，惟朋友之言甘如醴而芳若兰"（张英：《聪训斋语》）。另一方面，老师、父母、兄弟和爱人可能会在某一时刻缺失在自己的生活时空中，或者在对某一问题的认识与理解上存在不同步的情况，又或者由于身份的规制而无法纵情言谈；但是朋友作为一个笼统的群体，却不存在如此问题。作为具体的朋友，会存在于某时某地；而作为群体的朋友，则可以出现在任何时空。也就是说，人们可以因志同道合而不断结交到各种类型的新友。所以，吕坤说："朝夕相与，既不若师之进见有时；情礼无嫌，又不若父子兄弟之言语有忌。"（《呻吟语·伦理》）

（二）潜移默化

朋友间的影响常在不知不觉间实现。荀子说："蓬生麻中，不扶而直。白沙在涅，与之俱黑。"（《荀子·劝学》）东晋傅玄说："近朱者赤，近墨者黑。"（《太子少傅箴》）颜之推说："是以与善人居，如入芝兰之室，久而自芳也；与恶人居，如入鲍鱼之肆，久而自臭也。墨子悲于染丝，是之谓矣。"（《颜氏家训·慕贤》）这些论述都生动反映了人际环境对于一个人的精神品性所具有的强大浸染、塑造作用。其接触的人不同，受到的影响也完全不同。与良友交往，"则所见者忠信敬让之行也。身日进于仁义而不自知也者"；与损友交往，"则所闻者欺诬诈伪也，所见者污漫、淫邪、贪利之行也。身且加于刑戮而不自知者"（《荀子·性恶》）。虽然这二者在内容上相反，但在作用发挥上却完全相同，即在长期渐靡中"与之化矣"（《大戴礼记·曾子疾病》），自身与朋友逐渐趋同。对于儿童来说，由于其性情和价值观都尚未定型，还处于不断发展过程中，因此在与朋友的密切交往中，更容易受其影响。"人在年少，神情未定，所与款狎，熏渍陶染，言笑举动，无心于学，潜移暗化，自然似之，何况操履艺能、较明易习者也？"（《颜氏家训·慕贤》）

（三）人性如水，具有趋下的特性

"与善人交，有终身了无所得者。与不善人交，动静语默之间，亦从而似之。"（李邦献：《省心杂言》）一个人与良友结交，固然会受其正面的引导与熏染，但可能终其一生也无法养成对方身上的美德与优长。但是与损友结交则不同，其言行举止很容易就复刻出对方的模样。古人认为，这种情形的出现，与人性的特性有关。"人性如水，为不善如就下。"（李邦献：《省心杂言》）人性就像水一样，具有向下流动的特质。也就是说，相对于见贤思齐，努力逐善、不断增进美德与才识；模仿损友，向下沉沦、同流合污似乎更显容易。"脱有一淫朋匪友，阑入其侧，朝夕浸灌，鲜有不为其所移者。"（张英：《聪训斋语》）古人这一论述虽显粗略，但是其间暗含了一个深刻道理，即向上与榜样看齐，不仅需要强力限制，甚至全部放弃某些世俗欲望追求，而且还必须经过持久的刻苦努力，其间可能还要面临严峻挑战与磨难。反之，向下与损友趋同，则因迎合了这些世俗欲望而并不需要太过艰难的努力。这样，年纪尚小，社会阅历不足，善恶、美丑、是非等价值观尚未形成的儿童就很容易受到损友的不良影响。

为此，家长谆谆叮嘱子弟要与品性端方的"正人"结交。"夫习与正人居之，不能毋正。"（司马光：《家范》）"师友当以老成庄重、实心用功为良。若浮薄好动之徒，无益有损，断断不宜交也。"（吴麟徵：《家诚要言》）杨继盛临刑的前一天，在写给儿子的书信中特别强调："拣着老成忠厚、肯读书、肯学好的人，你就与他肝胆相交，语言必信，逐日与他相处，你自然成个好人，不入下流也。"（《杨椒山家训》）为此，家长反复强调要慎重取友，"先择而后交"（葛洪：《抱朴子·外篇·交际》），反对不加辨别地盲目滥交。同时，在儿童的成长过程中，家长还会根据其交友的具体情况随时予以纠正、引导和警示，从而助其树立健康、正确的交友观。

二、择友的标准

古代著名儿童启蒙读本《千字文》上说："交友投分，切磨箴规。"朋友不仅要情意相投，还要在交往中实现学习、工作以及品行上的相互增益。情意相投作为一种交往心理，可以包含双重走向：一重是相互增益，在关系中促进彼此成长；一重是共同沉沦，在关系中不断同流合污。在这两种体验中，朋友的角色性质不同，前者属良友益友，后者则属损友不肖友。显然地，前者才是家长们追求的效果——良友必是益友。那么，如何选择益友呢？

（一）贵德

古人认为，益友首先应是一个品德高尚的人。

曾子说："君子以文会友，以友辅仁。"（《论语·颜渊》）君子应以文章学问来交谊、会友，借着朋友间的交流和帮助来增进己身仁德。既然与朋友的交流交往是增进自身仁德的重要方式，故要亲近品德高尚的人，"所交在贤德，岂论富与贫"。（方孝孺：《古今图书集成·明伦汇编·家范典》卷四《家范总部》）同时，又要远离品德低劣的人，"不孝不弟人，不可与为友"（申涵光：《刑园小语》），"不可与便佞之人相与"（蒋伊：《蒋氏家训》），而且这种疏远应始于开端，与小人之间就算饮食等日常行为也要保持距离。"小人当远之于始，一饮一啄，不可与作缘。"（申涵光：《荆园小语》）

　　不过，道德意蕴如此丰富，应该以何标准来认定对方的道德品性呢？孔子对益友、损友进行过大致的区分与归类。他说："益者三友，损者三友。友直，友谅，友多闻，益矣。友便辟，友善柔，友便佞，损矣。"（《论语·季氏》）正直与诚信，乃是益友的必备道德品质。关于这一品质在朋友关系中的重要性，朱熹作了详细地阐释，他说："友直，则闻其过。友谅[1]，则进于诚。"（《四书章句集注·论语集注》）如果朋友爽直，就会听到他关于你过错的忠告；如果朋友诚信，就会让你感受到诚意，从而促使自身更真诚。"便辟，善柔，便佞"则正好相反。"便，习熟也。便辟，谓习于威仪而不直。善柔，谓工于媚悦而不谅。便佞，谓习于口语，而无闻见之实。三者损益，正相反也。"（《四书章句集注·论语集注》）如果朋友善于谄媚逢迎，就会只说些客套话而不会直率；如果朋友善于表面奉承而背后诽谤，就会用心媚悦而不会有真情实感；如果朋友善于花言巧语，就只会夸夸其谈而不切合实际。显然，这样的朋友完全把自己的真实情感隐藏起来，表现于外的只是虚伪做作。与之结交，不仅无助于增进德业，反而会因其虚假赞美而迷失自己。另外，朱熹在写给长子的家书中也明确了交友重德的观点。"大凡笃厚忠信，能攻吾过，益友也。其谄谀轻薄、傲慢亵狎、导人为恶者，损友也。"（《朱子训子帖》）敦厚忠信，能指出自身过错的人，是益友。反之，则为损友。古人如此重视朋友身上的正直诚信、能攻吾过的美德，其原因在于朋友之间的交往比较亲近与频繁，容易观察到对方身上的优缺点。如果朋友能及时肯定其优点，指出其不足，不仅有利于对方在今后巩固优点，改正不足以及扬长避短，而且又由于朋友的指正往往都是结合具体情境而进行，故还有利于对方采取针对性措施以反省与整改。"一德亏则友责之，一业废则友责之。美则相与奖劝，非则相与匡救。日更月变，互感交摩，骎骎然不觉其劳且难，而入于君子之域矣。"（吕坤：《呻吟语·伦理》）如此往复渐进，个人德行就会得到越来越多的滋养与沉淀，越来越靠近"君子"式的理想人格。

---

[1]　《说文解字》上说："谅，信也。"故信，就是诚实的意思。

（二）重才

德行高尚的人是益友，博学多才的人也是益友。在孔子关于益友、损友的划分中，就包含着这两个标准：德行（直、谅）与才识（多闻）。结交博学多才的人，能令自己多识明理。"友多闻，则进于明。"（朱熹：《四书章句集注·论语集注》），特别是在交往过程中相互促进和激发，更有利于彼此的多方面提升。

一是答疑解惑。对于任何人而言，学业、德业以及事业的进步，不仅需要良师的引导，还需要益友的加持。申涵光说："畏友胜于严师。"（《荆园小语》）即使老师在传道授业解惑方面是绝对的主角，但是朋友的作用也绝不可少。在传统社会，师生关系往往比较严肃和庄重，在请教问题时也常因时空限制而难以立刻得到应答。与之不同，朋友之间较为随意放松，而且交往活动也更加频繁与密切，这些使得随时随地向对方请教以答疑解惑成为可能。同时，朋友还可以随时监督跟进对方的德业与学业，并相机提出改进意见。

二是交流切磋。对于朋友而言，这是修身养德、益智明理、彼此受益的绝佳途径。《周易·兑·象》上说："象曰：丽泽，兑。君子以朋友讲习。"这是用两泽相连有互相滋益之象来比喻说明"朋友讲习"能相互促进、共同受益的情状。"朋友讲习"就是指朋友之间的交流切磋。南宋著名心学家陆九渊也说："友者，所以相与切磋琢磨以进乎善，而为君子之归者也。"（《陆九渊集》卷三十二《毋友不如己者》）通过这些活动，不仅能推动双方深入思考，从而辨析错误观点，澄清模糊认识，而且还能在观点碰撞与研讨中，持续激发多样灵感，从而发展理念，创新思想。因此，古人强调"学贵得师，亦贵得友"（唐甄：《潜书·讲学》）。家长教诫子孙"琢磨贵取友，为学不应独"（史浩：《童丱须知》）。

（三）荐贤

从古至今，许多事例表明，朋友的举荐扶持，是一个人获得事业提升良机的重要途径。"千里马常有，而伯乐不常有。"一个人即使满腹经纶，才华横溢，抱负远大，但如果缺少合适的机会与平台，其雄才伟略也难得施展，其宏图伟业也难以成就。在中国，人们常用"管鲍之交"来形容朋友之间的深厚友情。这句成语反映了春秋时期齐国人管仲和鲍叔牙二人的友情佳话。

当时，齐国国君没有儿子，只有两个异母兄弟公子纠和公子小白。管仲认为将来继承国君之位的必是二人中的一位，于是和鲍叔牙商量各自辅佐一个。由于齐国国君残暴昏庸，公子们都逃到别的国家等待机会。当时，管仲辅佐的是在鲁国居住的公子纠，而鲍叔牙则辅佐住在莒国的公子小白。公元前686年，公孙无知杀死了齐国国君，后又被大臣们杀死；有些大臣暗地派人去莒国迎接公子小白回齐国即位。鲁庄公听到消息后，让管仲先带一部分兵马拦截公子小白。管仲在赶上小白以后，找机会用箭射了小白，但只射中其衣带钩，没有射中要害。小白回国后做了齐国国君，也就是历史上有名的齐桓公。后来鲍叔牙又派人把管仲接回来，并且向齐桓公极力推荐管仲。齐桓公也放下一箭之仇，接受了鲍叔牙的建议，任管仲为相。可见，管仲能成为著名的大政治家，辅助齐桓公成就霸业，青史留名，与好朋友鲍叔牙的鼎力举荐是密不可分的。

（四）救难

有福同享，有难同当，是朋友间的真诚承诺，又是检验与锻造友谊的关键契机。益友之益，还表现在对对方的无私援助上。即当一方需要帮助时，另一方能够挺身而出，施以援手。特别难得的是，他们为了帮助成就对方而无惧牺牲个人利益。相关的益友轶事屡见于古代文献，在此略举几例。

例一，徐珂在《清稗类钞·义侠类》中记载了这样一件事。清康熙四十七年（1708），山东广陵地区出现了严重的饥荒。有一个出身低微的读书人名叫韩乐吾，为了换取粮食几乎典当了家里的所有东西。当家中只余下两升米时，他听说有个朋友，家里已经断粮三天了，于是就想把这两升米分一半给对方。他妻子说："你把米分给了别人，以后我们怎么办呢？"韩乐吾说："我明天没粮，明天才会饿死。但这个朋友已经没粮三天了，恐怕今天就要饿死了。"于是就分了一半粮食给朋友。

例二，据《新唐书·柳宗元传》记述，唐代著名文学家柳宗元和刘禹锡是志同道合的朋友。柳宗元年少时出类拔萃，所作文章卓绝精巧，当时受到文林同辈的推崇。后来考中了进士，贞元十九年（803），暂任监察御史。结交了王叔文[1]、韦执谊，这两个人都觉得柳宗元是个奇才，把他提拔为礼部员外郎，并准备再加重用。后来王叔文等人革新失败，柳宗元也被贬为邵州刺史，在赴任途中，又被加贬为永州司马。元和十年（815），再被贬为柳州刺史。当时刘禹锡也因王叔文改革一事而被贬为播州刺史，这个地方蛮荒不开化且瘟疫流行。柳宗元考虑到播州自然条件恶劣，而且刘禹锡母亲还健在，他既不便将此事告知母亲，也不便让母亲随同前往。可是如果刘禹锡赴任，母子二人就难于见面了。于是柳宗元上奏朝廷请求自己和刘禹锡交换去处，这时正好还有其他大臣也在替刘禹锡求情，于是刘禹锡就被改派到了连州。[2]

例三，春秋时期，贤士羊角哀和左伯桃结伴去求见楚元王，没想到中途恰逢雨雪天气，以致无法继续前行。在衣衫单薄而又缺少食物的情况下，两个人无法同存。左伯桃认为自己平生多病，羊角哀少壮，并且比自己更有才干。如果他能见到楚元王，一定会成为达官。于是左伯桃就把衣服和食物都留给了羊角哀，自己进入空树中静待死亡。后来楚元王听说此事，因赏识羊角哀的贤德而赠以中大夫职，并赐了很多的丧葬费。[3]人们对羊角哀和左伯桃二人之间的忠贞友谊也是非常敬佩，称之为"舍命之交"。

在古人看来，朋友关系的理想状态即"货则通而不计，共忧患而相救"（《白虎通·三纲六纪》），"愿车马衣轻[4]裘与朋友共敝之"（《论语·公冶长》）。在财物上能互通有无，彼此施援。上述这些人不仅在财物上毫不吝惜，在生活质量甚至生命保有上也完全不计得失。尽管有些细

---

[1] 王叔文（753—806），越州山阴（今浙江省绍兴市）人。唐朝中期政治家、改革家。唐顺宗时主持改革，当政一百四十六天，史称"永贞革新"。事败遭贬，次年被杀。
[2] 《新唐书》卷一六八《柳宗元传》。
[3] 冯梦龙著：《三言·喻世明言·羊角哀舍命全交》，中华书局，2014年，第112~113页。
[4] 此"轻"字为衍文，应删。见杨伯峻译注：《论语译注》，中华书局，2005年，第52页。

节做法已经不适于今天，但是其对朋友的真挚诚恳则无愧于益友典范。

三、交友的基本原则

在正确择友之后，所面临的问题就是如何交友，建立起深厚而牢固的朋友关系。为此，家长们对儿童进行了多方面的教导。

（一）真诚

真诚是交友的核心原则。要求朋友之间真诚以对，反对虚假造作。

首先，远离表面之交与利益之交。

表面之交中的朋友，也称为面朋、面友，其特点就是"朋而不心""友而不心"。即使在刚开始结交时，对方无益无害，甚至还会表现得非常热情与亲密，但是一旦己方出现危难或者彼此出现利益分歧，对方就可能疏远冷淡甚至打击迫害，以至于反目成仇。所以，表面之交本质上也是利益之交，二者具有内在的相通性，即在交往过程中往往"多诈伪，无情实""初虽相欢，后必相咄"（《管子·形势解》）。

之所以如此，是因为这两种关系的建立并非以心意相通、志同道合为基础，而是出于利益考量而刻意采取的功利性靠近。换言之，功利才是结成以及维系这一关系的核心要素。故而，为实现这一目标，即使平日里在

志趣等方面与对方分歧严重甚至对立强烈，也不得不伪装自己，"匿怨而友其人"（《论语·公冶长》），"匿情而口合"（葛洪：《抱朴子·外篇·交际》）。如此"面从而背憎"（葛洪：《抱朴子·外篇·交际》）的情态，一旦利益实现或者利益消失，其人就会撕下伪装，袒露本来面目，从而使刻意经营的所谓朋友关系崩塌。这种建立在功利基础上的交往关系，古人名之为"小人之交"，其与建立在道义基础上的"君子之交"走向完全不同。

欧阳修说："大凡君子与君子，以同道为朋；小人与小人，以同利为朋。此自然之理也。……小人所好者利禄也，所贪者货财也。当其同利之时，暂相党引以为朋者，伪也。及其见利而争先，或利尽而交疏，则反相贼害，虽其兄弟亲戚，不能相保。……君子则不然，所守者道义，所行者忠节，所惜者名节。比之修身，则同道而相益；以之事国，则同心而共济。终始如一，此君子之朋也。"（《四部丛刊·欧阳文忠公文集·朋党论》）君子之交以道义为基础，小人之交以利益为基础。因此，家长告诫儿童要结君子之交，远离小人之交。君子之交虽平淡如水，但岁久愈真，而小人之交虽表面亲密，但却会因利益消失而成陌路甚至于敌人。"君子淡如水，岁久情愈真；小人口如蜜，转眼成仇人。"（方孝孺：《古今图书集成·明伦汇编·家范典》卷四《家范总部》）

其次，防止甜言蜜语与曲意逢迎。

这种做法意在取悦对方，必然以夸大其优长，回避其过失为行为特征。古人认为这是对朋友缺乏真诚、不负责任的做法。"知而不劝，劝而不力，令友过遂成，亦我之咎也。"（石成金：《传家宝》二集卷三《金言》）如果"无论事之善恶，以顺我者为厚交；无论人之奸贤，以敬我者为君子。蹑足附耳，自谓知心；接膝拍肩，滥许刎颈"，最终极可能"大家同陷于小人而不知"（吕坤：《呻吟语·伦理》）。并且随着利益消失，当刻意逢迎的人遭遇困境时，会落井下石的也通常是此类人。"软熟一辈，掉背去之，或且下石焉。"（申涵光：《荆园小语》）有鉴于其危害性，家长反复告诫子弟，切勿结交只会"言语嬉媟，尊俎呕煦"的人，"顺吾意而言者，小人也，争急远之"（申涵光：《荆园小语》）。

古人认为，"朋友之道"在于"责善"（王阳明：《王阳明全集》卷二十六《教条示龙场诸生·责善》），"朋友之义"在于"过失相规"（海瑞：《海瑞集》上编《规士文》）。故真正的朋友，必须是诤友，对待朋友的过失能直言不讳，"见彼有失，则正色而谏之"（葛洪：《抱朴子·外篇·交际》），"忠告而善道之"（王守仁：《王阳明全集》卷二十六《教条示龙场诸生·责善》）。朋友关系中的任何一方，都应真诚真实，正确做法不是顺着对方心意讲好话，而是努力帮助对方改正不足，引导其回归正轨以求进步。这才是朋友间真诚友善的表现，才是"切思之诚"（程允升：《幼学琼林·朋友宾主》）；同时这样的人，也是朋友身处低谷时不肯离去之人，"平时强项好直言者，即患难时不肯负我之人"（申涵光：《荆园小语》）。当然，对于被劝责的另一方，也要虚心接受，速改不惮，而不是巧辩饰非。不仅如此，每个人还应主动向朋友询问自己是否存在过失，杨简说，"此说可为家传"（《宋元学案》卷五十八《慈湖先训》），表达了对这一举动的高度认同。

（二）守信

孟子在讲述君臣、父子、夫妇、兄弟、朋友五伦时，分别规定了各伦的主要道德要求。其中，对"朋友"一伦的要求就是"有信"（《孟子·滕文公上》）。这是因为，朋友关系既不似父子、兄弟关系乃"天合"而成，存在着天然的血缘关系，也不似君臣、夫妇间一旦建立起关系就不能随意解除，而是后天形成比较松散、较少约束性的社会关系。所以"信"对于朋友关系的建立和持久尤显重要。

朋友之"信"包含两层含义：

一是相信、信任。这种信任并非出自盲目，而是来自对对方的深入了解与客观判断。历史上著名的"管鲍之交"就充分反映了这一点。管仲和鲍叔牙曾经合伙做生意，当时管仲家里很穷，拿出的本钱没有鲍叔牙多，但是分红时却要多拿。鲍叔牙手下的人对此很是不满，觉得管仲太贪婪。但鲍叔牙却毫不在意，还向众人解释说是他自愿给的。管仲有几次给鲍叔牙出主意办事，结果都没有办成。鲍叔牙不但没有恼怒，还反过来安慰管仲，认为这是由于时机不好造成的，而不是他的主意不好。管仲曾经做了三次官，但是每次都被罢免。不过，鲍叔牙并不因此认定管仲无能，而是认为管仲是没有遇到赏识他的人。管仲带兵打仗，进攻时躲在后面，退却时却跑在最前面。手下的士兵瞧不起他，不愿再跟他去打仗。鲍叔牙为管仲辩护，说管仲家里还有老母亲，他如此行为是为了保护自己以便侍奉母亲，并不是真的怕死。这些话被管仲听到后大为感动，叹口气说："生我者父母，知我者鲍叔也！"（《列子·力命》）朋友间正是因相知而相信。古人说："久不相见，闻流言不信。"（《礼记·儒行》）说的就是这种情形，哪怕彼此间久未联络，但也绝不会轻易相信与对方相关的流言蜚语。

二是讲究信用。朋友之间即使友情深厚，也不能不信守承诺，信口开河。"与朋友交，言而有信。"（《论语·学而》）"有所许诺，纤毫必偿，有所期约，时刻不易。"（袁采：《袁氏世范·处己》）这既是珍视友情的重要表现，也是稳固友谊的基本要求。据《后汉书·范式列传》记载，东汉初年，有一个人叫范式，字巨卿，山阳金乡（今山东省金乡县西北）人，任过荆州刺史、泸江太守。年轻时曾经到太学游学，在那里与汝南郡的张劭成为同窗好友。后来二人同时离开太学返乡。在离开前，范式对张劭说："过两年我要去你家里拜望一下你的长辈，再看看你的孩子。"二人约定好了见面的日期。等快到那一天时，张劭就把这件事说给了母亲，并请母亲准备好酒食来迎接范式。他的母亲说："这还是两年前说的话，而且山阳至汝南又有千里之远，你怎么会如此当真呢？"张劭说："范式是一个做事认真、信守承诺的人，他一定不会食言。"他的母亲说："如果是这样，那么我就应当酿酒做好准备。"等到了约好的日子，范式果然来了，于是二人携手登堂，叩拜母亲，接着就摆酒畅饮，尽欢而别。在张劭母亲眼里，千里之隔可能会成为朋友间约定的障碍，但是范式用行动证明了其守信重诺的美好品质。

如果说不计困难去践行明确出口的约定已然可贵，那么自觉履行未及出口但"心已许之"的约定，则更加难得。

根据《史记·吴太伯世家》记载，春秋时期，吴国公子季札奉命去鲁国、齐国、晋国出使访问。途经徐国时，拜访了徐国国君，徐国国君非常喜欢他的剑，但是却没好意思说出口。季札看出了徐国国君的心意，但是由于还要出使上国，而佩剑出使是一种礼仪，于是当时没有赠送。没想到等季札出使返回经过徐国时，徐国国君已经去世了。季札得知后非常悲痛，他来到徐国国君的墓前，解下宝剑，把它系挂在墓前的树上，然后离开。随从人员看到这一情景，对他说："徐国国君都去世了，你为什么还要这样做呢？"季札严肃地说："不能这样想。当时我看到徐国国君喜欢这把剑，在我心里已经决定要赠送给他了。虽然他现在不在了，但是我又怎么能违背初心呢？"季札对朋友践诺守信的高度自觉，得到了从古至今人们的尊敬与赞扬，人们称他为"信圣"，作歌传颂他的美德，"延陵季子兮不忘故，脱千金之剑兮带丘墓"，并且还在徐国国君的墓前建起一座高台，命名"挂剑台"，以此来纪念李札的高尚之举。

这些典故佳话，都成为家长教育儿童的有益素材。家长教导儿童对待朋友要言必行，行必果。因为大话、空话只要说过一次，就会破坏他人对自己的信用印象，从而降低信用评价，造成朋友间的嫌隙，出现难以弥补的友谊裂痕。

（三）平等

在传统社会，君臣、父子、夫妇、兄弟、朋友这五种人伦中，前四种实际上都包含着上下尊卑的伦理秩序。唯有"朋友"一伦，强调的是彼此间的平等与尊重，这是因为朋友关系是在志同道合基础上自愿结成的社会关系。即使身份上存在各种壁垒，如年龄、学识、家庭出身等差异，但也不妨碍彼此结成挚友知己，"是天子而友匹夫也"（《孟子·万章下》），尊贵如天子，也可以有布衣之交。

平等，既是朋友关系中的应有之义，也是个人良好修养的外在体现。具体表现为在朋友交往中要平视所有人，做到"上交不谄，下交不渎"（《周易·系辞传下》），"上交不谄，下交不骄"（扬雄：《法言·修身》）。即与身份高于自己的人交往，不谄媚奉承；与身份低于自己的人交往，不轻慢骄矜。与前者相比，后者更为可贵。为维护和实现这一要求，还需要注意以下几点：

第一，不可自恃年长资深或者富贵尊荣就盛气凌人、高高在上。

"万章问曰：'敢问友。'孟子曰：'不挟长，不挟贵，不挟兄弟而友。友也者，友其德也，不可以有挟也。'"（《孟子·万章下》）结交朋友，结交的是品德，是才华，是相类的志趣，所以绝不能倚仗自己在某一方面的优势而有意对对方形成压迫。这种倚仗压迫的背后，隐藏的其实是对自身优势的洋洋自得与对对方的轻侮蔑视。显然，其与朋友关系中平等、尊重的行为原则严重背离。

据《南史·何逊传》记载，南朝梁代诗人何逊（466—519），八岁时就能作诗，二十岁时被州府举荐为秀才。当时的文学家范云（451—503）看到何逊对皇上策问的文章非常欣赏。他对亲近的人说："通观当今文人的作品，风格质朴的则过于拘执死板，风格华丽的则败坏文风，而能内舍清浊，中和古今的，就是何生了。"[1]由于对何逊文采的赏识，范云虽然已是当时文坛领袖之一，但是却与何逊结成了忘年交。

第二，不可一朝飞黄腾达就疏远曾经的贫贱之交。

"贵贱何常，骤贵勿捐故友。"（申涵光：《荆园小语》）如果一个人在发达以后，还能亲近顾念贫贱旧交，就会得到人们的高度赞扬，认为这是他珍惜友情、尊重朋友、平等以对的重要表现。

民国文人何海鸣（1887—1944）在其《求幸福斋随笔》中收录了明朝开国皇帝朱元璋写的一封《与田兴书》。田兴[2]是朱元璋的贫贱之交。当年朱元璋为僧时，曾经因生病而僵卧在荒草道旁，被田兴救起，并为其请医煎药，精心调养，使他很快恢复了健康，因此二人结为兄弟。后来朱元璋登基做了皇帝，他回忆起田兴当年的搭救之恩，于是就想请田兴来同享富

---

[1] 许嘉璐主编：《二十四史全译·南史》第一册，汉语大词典出版社，2004年，第747页。
[2] 关于田兴，见于民国时张官倬编纂的《棠邑拾遗》（六合古称"棠邑"）。不过，作者注明其人、其事采自《田北湖笔记》。田北湖（1877—1918）是民国学者，籍贯在六合，是田兴的二十一世孙，写有《田兴传》。不过，《明史》与《六合县志》中均未见与田兴相关的记载。

贵。他多次诏请，第三次时，他亲笔写下诏书《与田兴书》，开篇即为"元璋见弃于兄长，不下十年。地角天涯，未知云游之处，何尝暂时忘也"，表达了对田兴的思念与诚意。同时为打消田兴的顾虑，还特意强调"愿念弟兄之情，莫问君臣礼。"至于明朝事业，兄长能助则助之，否则听其自便。只叙弟兄之情，不谈国家之事"。在朱元璋的诚挚邀请下，田兴终于来见朱元璋，朱元璋以兄相敬，还亲自去迎接了他。

第三，和而不同，不强求朋友与自己事事融洽。

"朋友即甚相得，未有事事如意者。"无论朋友如何相知相亲，都必然存在各类差异，不可能令彼此事事称心。一方面，"与朋友交，只取其长，不计其短"（李惺：《冰言补》）。多看其长处，少提其不足。另一方面，出现分歧矛盾时，坚持求同存异。既不强求对方绝对服从自己意志，也不极力打压对方以示气恼愤慨。"一言一事不合，且自含忍，少迟则冰消雾释。"面对差异和分歧而能容忍和包涵，可谓是对朋友个性以及意见的尊重。

北宋王安石[1]和司马光的友情就极好地反映了这一点。一方面，两人的政见分歧很大，"议事每不合""所操之术多异故也"。一个积极推动变法，一个极力反对变法。不过，他们的针锋相对并非为了一己之私，而是为了改变北宋王朝积贫积弱的现状。另一方面，二人又惺惺相惜，互相欣赏。在他们各自的文集中，至今仍保留着许多相互唱和的诗赋。司马光把王安石视为益友。他说："孔子曰：'益者三友，损者三友。'光不材，不足以辱介甫为友；然自接待以来，十有余年，屡尝同僚，亦不可谓之无一日之雅也。"（《与王介甫书》）而王安石也说，"与君实游处相好之日久""无由会晤，不任区区向往之至"（《答司马谏议书》）。1061年，王安石在为司马光升职所拟的诏书中，写着"操行修洁、博知经术""行义信于朝廷，文学称于天下"等赞美之辞。司马光在给王安石的信中也写道：

---

[1] 王安石（1021—1086），字介甫，号半山，临川（今江西省抚州市临川区）人。北宋著名的思想家、政治家、文学家、改革家。

"介甫独负天下大名三十余年，才高而学富，难进而易退，远近之士，识与不识，咸谓介甫不起则已，起则太平可立致，生民咸被其泽矣！"（《与王介甫书》）1069年，王安石初任副宰相之际，司马光还表示庆贺。1086年5月，王安石去世。司马光听闻后非常悲痛，为避免王安石身后遭受世俗鄙薄和小人凌辱，立即抱病作书，告诉右相吕公著："介甫文章节义，过人处其多……光意以谓朝廷宜优加厚礼，以振起浮薄之风"（《司马温公集》）。

（四）不强求

建立朋友关系，既要有主动性，又不要勉强。

首先，志不同者不必强合。

朋友关系以志同道合为核心基础。所以，即使开始时是朋友，但如果在相处过程中发现彼此价值观不同，也无需勉强维持。成语"管宁割席"说的就是这个道理。管宁[1]和华歆[2]都是汉末三国时期名士。二人曾经一起在园里锄菜，看到地上有一片金，管宁照旧挥动着锄头，就跟看到瓦片石头一样，华歆则不同，他高兴地捡起来，然后又扔掉。曾经，两个人一起坐在同一张席子上读书，有个穿着礼服、乘坐轩车的高官从门前经过，管宁照旧读书，华歆却放下书本出去观看。于是，管宁就割断席子和华歆分开坐，并且说："你不是我的朋友了。"对于同一件事，管宁和华歆的表现截然不同，因此管宁判断华歆与自己志不同道不合，所以割断席子以示绝交。[3]

其次，远损友，亲益友。

朋友关系的建立，具有极强的自主性和选择性。家长认为，对损友宜"敬而远"，对益友"宜相亲"（方孝孺：《古今图书集成·明伦汇编·家范典》卷四《家范总部》）。为此，有些家长还通过一些举动对子女进行了引导。后魏时期，钜鹿人魏缉生下来不到100天时，父亲就去世了，母亲房氏为了养育他而决定不再改嫁。魏母非常重视对魏缉的教导。所以，对

---

[1] 管宁（158—241），字幼安，北海郡朱虚县（今山东省临朐）人。
[2] 华歆（157—232），字子鱼，平原郡高唐县（今山东省高唐县）人。
[3] 刘义庆：《世说新语·德行》。

于魏缉在外边结交的人，她也极为关注，并且对不同的人表现出完全不同的态度。如果是名声好的人来家里做客，她就亲自准备酒食，热情款待。如果是名声差的人，她就睡在屏风后面，不出来吃饭，直至事后儿子表示悔恨，向她谢罪，她才肯吃饭。[1]

虽然远损友，近益友是家长们的共同主张。但是，他们也认为，这种疏远与亲近并非越极致越好，而是应该掌握分寸。"小人固当远，然亦不可显为仇敌；君子固当亲，然亦不可曲为附和。"（申涵光：《荆园小语》）损友如小人，益友如君子，对于损友，敬而远之即可，并不需要成为怒目相向的仇敌；对于益友，虽应亲近，但也无需刻意附和逢迎。

从古至今，家长们都积极鼓励子弟广结益友，并以书作喻，生动说明了益友之益各有所重。"对渊博友如读异书，对风雅友如读名人诗文，对谨饬友如读圣贤经传，对滑稽友如阅传奇小说。"（张潮：《幽梦影》）当然，如要结交益友，首先自己必须修身向上，所谓"物以类聚，人以群分"，只有自己德才兼具，才会吸引和结交到同样的人，"非直谅多闻之人，不能得直谅多闻之友"（申居郧：《西岩赘语》）。如果想要结交良友益友，与才德高尚的人交往，还必须加强自身修养。这种见解，可谓深刻。

小结：家训要言

1.人家子弟，欲近君子而远小人。近君子，则多闻长厚之言，多见端谨之行，自然熏习日深，而德性循谨。若近小人，则浮华之言，刻薄之行，接于耳目，而染于身心，虽子弟之淳厚者，亦将与之而俱变矣。（明·袁颢：《袁氏家训》）

2.友而曰交，非交不成其为友，非信不成其为交。信则言可践，非哆口而盟，转盼而寒。信则行可质，非面对一体，衷隔千里。信则利可共，管、鲍之让也。信则害可任，羊、桃之殉也。信则终身可凭，信则妻子可

---

[1] 后魏钜鹿魏缉母房氏，缉生未十旬，父溥卒。母鞠育不嫁，训导有母仪法度。缉所交游，有名胜者，则身具酒馔。有不及己者，辄屏卧不餐，须其悔谢乃食。（司马光：《家范》）

托，如献臣笃罗玘，古庵恤梁裸也。是谓心交。而指天画日，肝膈可捐，膏晷一室，同心誓永，讵不称信哉？彼落石于阱，萎木于山，坐偃月，计翻云者，非交也。君子惟信我之方寸耳。（清·王士俊：《闲家编》）

3.损友敬而远，益友宜相亲。所交在贤德，岂论富与贫？（清·王士俊：《闲家编》）

4.学问之功，与贤于己者处，常自以为不足，则日益。与不如己者处，常自以为有馀，则日损。故取友不可以不谨也，惟谦虚者能得之。（清·王士俊：《闲家编》）

5.平日察其孝弟忠信者，此人可与定交，必受其益。习勤俭者可与交，有识见、知进退、木讷拘谨、有本心、有恒性者皆可交。反是者，莫与近。（清·沈起潜：《沈氏家训》）

6.如要相与交友，必先论其人品若何，行事若何，性格气量若何，学问才艺若何，银钱交关若何。若有几样合意，我去交友他，自然有益于我。或助我学问，或教我作事，或缓急相通，或患难相顾。（清·陆一亭：《家庭讲话》）

7.若是贤友，愈多愈好，只恐人才难得，知人实难耳。语云："要作好人，须寻好友。引醇若酸，那得甜酒？"（清·孟超然：《家诫录》）

8.择友六法：事亲看其孝；临财看其廉；立言看其直；处久远看其信；临患难看其仁；常相见看其敬。（清·潘德舆：《示儿长语》）

9.世上尽有好人，其识与不识，全在己耳。若见有益于己者而疏远之，有损于己者而亲近之，则损友实所自取，益友何由表见？要在心中先有判别，自不误于所交。（清·王汝梅：《游思泛言》）

10.正人君子，必爽直，必诚实，平居必好学。与之交，庶得其益。若轻浮小人，必作事消沮闭藏，虽文采足观，断不可与之订交。见富贵者，奉承不遗馀力，见贫寒者，即轻薄之，此等小人亦不可近。更有一等貌为君子，心术险狠，一堕其术，丧身亡家，孔子所谓乡愿是也。当远之如鸩酒毒蛇，以不见为幸。（清·王师晋：《资敬堂家训》）

勤俭节约

　　中华民族向来推崇勤劳和节俭，极为重视对家中子女勤俭美德的培养，将之看成修身、齐家和治国的重要途径，反复强调"克勤于邦，克俭于家"（《尚书·大禹谟》）；"历览前贤国与家，成由勤俭败由奢"（李商隐：《咏史》）；"勤俭，治家之本"（金缨：《格言联璧·齐家》）；崇勤反惰、崇俭反奢、崇俭反吝始终是中华民族占主导地位的价值导向之一。因此，勤俭成为中华民族普及最广、传播最久、受认可度最高的美德之一，同时也成为历代家庭中儿童接受训诫和践履的最主要内容。

一、勤俭的含义及关系

　　勤俭包括勤劳和节俭两个方面。勤、俭二者虽然内涵不同，但具有极为密切的联系。

（一）勤劳

　　勤劳代表了人们对待劳动的态度和品质，要求人们热爱劳动、积极参加劳动，不怕辛苦，用辛勤的劳动创造美好生活。

　　勤劳的核心精神就是不怕苦、不怕累，做事时尽心尽力，孜孜不倦。勤的本义就是劳累，辛苦。《汉字字源》上说，勤，其字形左边为"堇"，表示字音，而且"堇"还有黏土的含义，这是说在黏土地上劳动很辛苦；右边为"力"，从字形上看好像农具，这里有用力之义。《说文解字》上也说："勤，劳也。从力，堇声。"从力，也表示艰苦用力之意。《汉字源流字典》认为，凡从勤取义的字皆与劳苦等义有关。另外，在传统的典籍文献中，"勤"也基本上都是用"劳"（此处指劳苦）来释义。如《诗经·周颂·赉》上说："文王既勤止。"毛传释为："勤，劳也。"《尚书·召诰》上说："我非敢勤。"孙星衍《尚书今古文注疏》引《说文解字》释为："勤者，劳也。"等等。在现代语境中，"勤""劳"并用，既指要勤于劳动，又蕴含着吃苦耐劳之义。

那么，勤劳美德要如何体现呢？

一是对待事情尽心尽力，努力去做。曾国藩说："勤不必有过人之精神，竭吾力而已矣。"（《曾国藩全集·杂著·笔记十二篇·忠勤》）要做到"竭吾力"，就不能偷懒，其最基本的表现就是诚实劳动、踏实劳动。比如在劳动内容选择上不拈轻怕重，在劳动效率产出上不浑水摸鱼和滥竽充数。

二是要孜孜不倦，从不懈怠。《慧琳音义》卷四，"克勤"注引《考声》说："勤，不倦。"其实，无论是"锄禾日当午，汗滴禾下土"的体力劳作，还是"吟安一个字，捻断数茎须"的脑力创作，劳动的辛苦都不言而喻。但是，对于勤劳的人而言，其对劳动的热爱、执着，以及对于劳动价值的深刻体会，使得他们能够克服并超越这些身心苦累，所以他们参与劳动的热情从不消失，并不因此而走向怠惰、放弃。从古至今，那些广受赞誉的人，都是"习其苦""安其苦"的，并且常常以苦为乐。

中华民族是勤劳的民族，历史上涌现出无数吃苦耐劳、甘于奉献的光辉典范，这些典范也成为向儿童进行勤劳教育的极佳素材。

比如伟大先祖大禹，就是其中的杰出代表。《史记·夏本纪》上说："禹为人敏给克勤。"帝尧时期，中原洪水泛滥，人民流离失所、困窘愁苦，禹的父亲鲧受命治理水患。他采用堵截的办法，但是持续九年也未能成功。舜在继承帝位以后，又任命禹继续治水。禹通过视察河道、反思父亲治水失败的原因，最后决定改革治水方法，变堵截为疏导。经过十三年的努力，终于把洪水引入大海，从而根除了水患，为华夏民族奠定了农业社会的基础。后人认为，大禹治水之所以能获得成功，不仅是因为他采用了正确的方法，而且还因为他身上所蕴含的不怕劳苦、坚持不懈、锲而不舍的伟大劳动精神。古人对此极尽颂扬，《韩非子·五蠹》上说，大禹"手执耒锤，以民为先"。《荀子·成相》上说："禹傅土，平天下，躬亲为民行劳苦。"《庄子·杂篇·天下》上也说："禹亲自操橐耜而九杂天下之川；腓无胈，胫无毛，沐甚雨，栉疾风，置万国。"在治水过程中，大禹身先士卒，手持工具，亲自参加劳动。几年下来，连腿上的汗毛都脱光了，束头发的簪子和帽子掉了也顾不上收拾，风里来雨里去，历经艰辛。孔子对大禹亦给予高度评价："禹，吾无间然也。"（《论语·泰伯》）对于禹，我没有什么好指责的。

（二）节俭

节俭，代表的是人们的消费观，其中蕴涵着对劳动的尊重，对劳动果实的爱惜，以及对自然资源的保护。

《说文解字》上说："俭，约也。"段玉裁注："约者，缠束也。"《玉篇》亦言："约，束也缠也。"意即用绳子进行捆绑、缠束。《诗经·小雅·斯干》有"约之阁阁"之句，就是描述因捆缚而显得上下紧严的样子。由缠束而引申出抽象意义的约束、节制，就是俭德的本义。《礼记·乐记》有"恭俭而好礼"之句，《论语·学而》有"夫子温良恭俭让以得之"之句，其中的"俭"字皆为此意。进而，又由约束、节制义引申出在消费财物上的具体要求：节俭、节约和不浪费。节俭、节约之重点就在于少用、减用，"少""减"所呈现的是一种内向回缩的收敛趋势，故古人亦以"敛"释俭，如"俭者，敛也"（《尔雅·释训》"瞿瞿，俭也"郝懿行义疏）；"广较自敛谓之俭"（贾谊：《新书·道术》）。这表明，俭乃是一种收敛式的消费方式。《朱柏庐先生治家格言》中有这样一句话，"器具质而洁，瓦缶胜金玉。饮食约而精，园蔬胜珍馐"，就充分体现了这一消费观的价值取向。朱柏庐要求家人所用器具无需华丽精美，只要质朴、实用、整洁即可；同时，日常饮食也无需过分豪华精致，只要简简单单就好，他强调普通蔬菜更胜过珍馐美味。东晋名吏殷仲堪（？—399）在任荆州刺史时，其生活方式也体现了这一节俭原则。据《世说新语·德行》记载，当时，荆州由于水灾而年景不好，殷仲堪就以身作则，在日常饮食上很是节俭，每餐不超过五碗饭菜，不小心掉落的饭粒和菜也会捡起来吃掉。

当然，俭德并不是要求人们无限追求节俭，而是主张量入为出和合理分配。

首先，根据自身实际的经济能力规划开支。

"富家有富家计，贫家有贫家计"，在满足生活需要的基础上鼓励"用常有馀"，以为"意外横用之措"（倪思：《经锄堂杂志·岁计》），反对超出能力的消费。不过，这并不意味着拥有巨额金钱就可以追逐奢华，肆意消费。一方面，个体金钱虽有明确归属权，但是通过金钱消耗的资源则属于所有人；另一方面，对资源的过度消耗，本身就与节俭要求相背离。因此，人们主张"家富而愈俭"（《荀子·儒效》），家境越好，就越应该节俭。赞誉那些贵而持俭、富而居俭的典范，这些人虽身居高位或家境富足，虽然都有足够的财力过上奢华的生活，但是却都崇俭戒奢，在衣食住行上保持着节俭作风。

如汉文帝以九五之尊，"尝欲作露台，召匠计之，直百金"（班固：《汉书》卷四《文帝纪》），故自觉放弃不造；如徽商虽富甲天下，但其子弟"走长途而赴京城，芒鞋跣足，以一伞自携，而吝舆马之费"（顾炎武：《肇域志·徽州府》）；还有辽国左丞相张俭，一件旧皮袍竟然穿了三十年[1]。张俭，996年考取状元，在地方上做官，因为得到辽圣宗的器重一路升迁，最后做了相国。他为人正直，颇有才华，在生活上十分俭朴，人们称他为"贤相"。有一次，正值冬季，圣宗请张俭到宫中议事，看到他穿着一件破旧的衣袍，于是就让侍从偷偷地用火荚在上面烫了个小洞作为记号。后来，多次见到张俭，都发现他一直穿着这件衣服。圣宗询问其中缘故。张俭回答说："臣的这件衣袍已经穿了三十年了。"当时，朝廷上下奢侈成风，所以对于张俭的节俭做派，大臣们都

---

[1] 脱脱（1314—1356），也写作托克托、脱脱帖木儿，字大用，蒙古蔑儿乞人，元朝末年政治家、军事家。主持编修的《辽史》记载："张俭名符帝梦，遂结主知。服弊袍不易，志敦薄俗。功着两朝，世称贤相，非过也。"

在私底下议论嘲讽他，张俭却不以为然。圣宗赞赏他的清俭，又同情他的清贫，于是下令让他到库房里任意挑选一样做衣服的布料，结果张俭只选了几丈粗布。

其次，对物质资料进行合理的分配和使用。

"忙时吃干，闲时吃稀。不忙不闲时吃半干半稀。"这个号召虽然产生于特殊的历史年代，其目的是应对当时因天灾而导致的生产困境和物资短缺。但不可否认，其中所蕴含的根据具体情况合理分配物资的辩证思维，即使在物质生活非常富足的情况下，也能给人们以深刻的启发。

随着科技的发展，生产力不断进步，人们整体的物质生活水平处于不断向前发展的进程。不过，对于特定的个体家庭而言，各项物质条件难以整齐划一，必然存在着某一方面的富余或超出，某一方面的短缺或不足。因此，如何根据具体情况以取长补短，同时又注意到对各项物资的合理追求，就不仅是一种生活智慧、生活技能，更是一种俭约生活的新样态。节俭生活，除了对物质资料的合理分配，也表现为对物质资料的合理使用。"物尽其用"和"循环利用"是这一合理性的具体体现。一方面，对于所购置的各类生产生活用品应充分使用，充分发挥其价值；另一方面，努力避免资源浪费，积极扩大其循环利用的可能空间，从而使其价值实现最大化。

（三）勤俭相须

勤、俭二者相辅相成，缺一不可。因此，人们往往将勤、俭连用。古人认为二者的关系"犹夫阴阳表里"，相辅相成，在实践中必须同时遵守，"缺一不可"（石成金：《传家宝》初集卷五《知世事》）。这是因为：勤劳和节俭具有共同的目标，都是指向财富的积累。其中，勤劳是创造财富的积极手段，节俭则是减少财富流失的保障手段。如果只有勤劳，财富创造得再多，肆意挥霍浪费，必然造成财富的损耗；反之，如果只有节约俭省，却不去积极地创造财富，也必然无法实现财富的有效增长。对此，古人进行了很好的比喻说明："勤而不俭，譬如漏卮（古时一种盛酒的器皿），虽满积而亦无所存；俭而不勤，譬如石田（无法耕种的田地），虽谨守而亦无所获。"所以，"勤必要俭，俭必要勤"（石成金：《传家宝》初集卷五《知世事》），"成家之道：曰俭与勤"（陈录：《善诱文·省心杂言》）。

在民间广为流传的一个故事，对勤俭的这种密切联系进行了生动的诠释。据说，中原有一座伏牛山，山脚下住着一个叫吴成的农民，为人勤劳又节俭，日子过得很丰足。在他临终前，把一块写着"勤俭"二字的牌匾交给两个儿子，并且叮嘱道："要想一辈子不受饥挨饿，过上好日子，就一定要依照这两个字去做。"后来，兄弟俩分了家，除了把家中的器具、粮食等均分外，还把这个牌匾从中锯开，一人拿走一半。其中，老大拿走了"勤"字这半边，老二拿走了"俭"字这半边。回到自己家里，老大把"勤"字匾高高悬挂在家中最显眼的地方，他每日里不辞劳苦，勤勤恳恳地工作，结果每年都获得了好收成，打下了很多的粮食。但是他的妻子却不懂节俭，过起日子来大手大脚，看到孩子们浪费粮食，把白白的馍馍吃了两口就扔掉也不闻不管。这样过了几年，老大家一点余粮也没有了。再说老二，他把"俭"字匾拿回家后，也是恭恭敬敬地供放在中堂，并严格遵守着节俭的要求，一家子都是省吃俭用，节衣缩食，不敢有一丝一毫的浪费；不过，他却把"勤"字抛到脑后，在生产劳动上三天打鱼两天晒网，而且也不肯精心耕作，因此，每年所收获的粮食极为有限。在这种情况下，很快家里也就没有余粮了。正好这一年又赶上大旱，老大、老二家中都已经吃不上饭了。老大看着家里的"勤"字匾，想着自己这么勤恳；老二看着家里的"俭"字匾，想着自己这么节俭，可是怎么还是没有过上好日子。于是两人一生气，就把匾给扯下来，狠狠地摔在地上，这时候，有张纸条从匾里掉出来。兄弟二人赶紧捡起来，老大家的纸条上写着："只勤不俭，好比端个没底的碗，总也盛不满！"老二家的纸条上写着："只俭不勤，坐吃山空，一定要受穷挨饿！"看到这些字，兄弟俩恍然大悟，原来"勤""俭"二字是不能分家的，必须两样都坚守，缺了哪一个都不行。此后，兄弟二人把"勤俭持家"四个大字贴在了自家大门上，时刻提醒自己和妻子儿女，一定要身体力行、勤劳节俭，兄弟二人的日子也越过越火红了。

勤俭作为治家的重要法宝，从古至今都得到家族中大家长的高度重视，对家中子弟更是从小进行教育，并充分利用生活场景，如把"勤""俭"二字写入楹联中，将之悬挂或镌刻在庭院各处[1]，以发挥时刻警醒之效。另外，在勤俭的具体操作上，也有较为详细地规定。如曾国藩要求子侄，"勤字工夫，第一贵早起，第二贵有恒；俭字工夫，第一莫着华丽衣服，第二莫多用仆婢雇工"（《曾国藩全集·家书·谕纪瑞》同治二年十二月十四日）。若莘、宋若昭则重点对女子提出要求，"奉箕拥帚，洒扫灰尘。撮除遨遢，洁净幽清"，不要使家宅秽污，门户灰暗；"积糠聚屑，喂养挛牲。呼归放去，检点搜寻。莫教失落，扰乱四邻"。积聚火糠、饭屑以喂牲畜，圈养牧放以防走失或奔入人家扰乱邻居；对家中富余的钱谷等进行收藏，勿使失散浪费。如酒物之"存积留停""禾麻菽麦"之存入仓栈，"油盐椒豉"装盛瓮罐，使"猪鸡鹅鸭，成队成群"。这样，逢年过节，宾客到家，无奔走急措之患，全家饱享盈余宽裕之乐（《女论语·营家》）。这些规定几乎涉及日常生活的方方面面，为儿童直至成人的具体实践提供了有效指导。

二、勤俭的重要意义

勤俭不仅有益于整个社会生产的发展，有益于国家和家庭的兴旺发达，而且有助于个人事业的成功。可以说，勤俭对于国家、家庭和个人的存在与进步，都具有举足轻重的意义。

（一）勤俭是国富民强的必由之路

"勤俭是治生第一法。"（石成金：《传家宝》初集卷八《直益笺》）"无论治世乱世，凡一家之中能勤能敬，未有不兴，不勤不敬，未有不败者。"（《曾国藩全集·家书·致澄弟温弟沅弟季弟》咸丰四年六月十八日）

---

[1] 在一些故居中，"勤为建业方，俭是医贫药"的类似楹联随处可见。

1.劳动创造财富，带来美好生活。

勤劳作为一种劳动态度、生活态度，体现了对劳动的尊重，对劳动价值的认可和崇尚。

劳动对人的产生及其成长都至关重要。"劳动创造了人本身"，帮助人从动物界中质变出来；劳动也发展了人，促使人不断完成自我开发和超越，成为愈益完善的生命体。在物质层面上，劳动为人们提供了衣食住行所需的各式生产、生活资料，并且随着劳动对象范围的扩展和劳动工具的进步，这些资料不断地丰富和多样化，在满足人类基本生存需要的基础上，大幅提升人类的生存质量和生活状态，多向展开多姿多彩的人类生活。长期的劳动实践和劳动回报，使得人们深刻认识到劳动是"治生之本""治生之道"，是创造物质财富的必要手段和途径，"赖其力者生，不赖其力者不生"（《墨子·非乐上》）。人类只有依赖自己的劳动才能生存，否则就不能生存；认识到"若夫农之为务用力，勤趋事速者所得多，不用力不及时者所得少"的"自然之理"（朱熹：《朱子大全·劝农文》），注意到"惰农自安，不昏作劳，不服田亩，越其罔有黍稷"（《尚书·商书·盘庚上》）的危害；总结出"民生在勤，勤则不匮"（《左传·宣公十二年》）的生存道理，从而大力宣扬"一日之

计在于晨，一生之计在于勤"的劳动价值观。同时，社会还积极肯定和鼓励人们追求"只可过于勤劳，不可失之怠惰"（朱熹：《朱子大全·劝农文》）的劳动态度。这表明，勤劳作为一种劳动理念和行为，不仅具有持续性、无止境性，而且还具有不断递进、强化的可能性。这种追求，在那些令人感动的勤劳榜样身上表现得非常明显。

从古至今，通过勤劳而致富的人物都得到人们的推崇。比如陶朱公范蠡（前536—前448），就因治产有方，成为人们学习的典范。据司马迁的《史记·越王勾践世家》记载，范蠡本是春秋时代越国的谋臣，他帮助越王勾践卧薪尝胆，最终击败了吴国。在这之后，他来到齐国，在大海边住下，辛勤耕作，吃苦耐劳，父子合力经营产业，过了不久，就积累起几十万财产。这时齐国的国君听说他很能干，就请他出来做相国。三年以后，范蠡辞官，向齐王归还了相印，把所有的资财都分给了好友、乡邻，来到陶地（今山东省菏泽市定陶区）住下，从此以后，他自称陶朱公。在这里，他既耕种畜牧，又从事商业贸易，不久，就又有了好几万金的资产。

此外，在精神层面上，劳动还能带给人们丰厚而持久的幸福感，使人们拥有愉悦向上的精神感受。这一感受来源于其个体价值、社会价值的凸显，来自人对自然关系中自身创造力的确认。当人们用自己的双手，以真诚的劳动不断改造自然、改造自我，不断开辟和推进崭新向前的生活样态时，人们很容易体会到自我存在的意义，并因这一意义而生发出高度的满足感，在充分的自我肯定中产生强烈的自豪感、成就感。宋代农学家陈敷说："勤劳乃逸乐之基也。"（《陈敷农书》卷上）意思是说，勤劳是令人感到舒适、欢乐的根基。李大钊也说："我觉得人生求乐的方法，最好莫过于尊重劳动。一切乐境，都可由劳动得来，一切苦境，都可由劳动解脱。"（《创造青春之中华》）

2.节俭保护财富，倡导自律生活。

俭德作为一种收敛式消费导向，最低标准就是不浪费，其实质是对劳动果实的爱惜和对自然资源的保护。

首先，劳动果实是人类社会存在和发展的基本物质基础，是无数劳动者辛勤工作的共同成果。对劳动果实的爱惜中，就包含着对劳动和劳动者的理解、认可与尊重。唐诗《悯农》传颂至今，朱柏庐"一粥一饭，当思来处不易。半丝半缕，恒念物力维艰"（《朱柏庐先生治家格言》）的治家格言代代相传，都充分反映了人们对此观念的高度认同。需要注意的是，在社会生产力水平低下时，人们可直接观察到"稼穑之艰难"以及劳动果实之不足，从而更易于生发和强化对劳动果实的珍视情感。而随着生产力发展迅速，劳动产品日益丰富，劳动形式也发生转变，故有些人对劳动艰辛的认知以及对劳动果实的珍惜开始弱化，客观上造成了不以为然的浪费。

其次，自然资源是人类社会发展的必要物质储备，但并非取之不尽用之不竭。陆贽在《均节赋税恤百姓六疏》中说："夫地力之生物有大数，人力之成物有大限，取之有度，用之有节，则常足；取之无度，用之无节，则常不足。"如果对自然资源不节制使用，即使数量充足，最后也会枯竭。不仅如此，无法预知的天灾人祸还会突然打断各类资源的生成链条，可能造成物资的严重短缺，威胁到人类的生存和发展，因此，人们必须始终保持危机意识，"有日常思无日，天晴防备天阴"（石成金：《传家宝》初集卷五《安乐铭》），"宜未雨而绸缪，毋临渴而掘井"（朱柏庐：《朱柏庐先生治家格言》）。《左传·庄公二十四年》说："俭，德之共也。"俭德在中国历史上始终得到高度倡导，甚至被视为最大的美德。它之所以成为中华民族的主流价值导向之一，与其作为应对资源有限性的积极策略是分不开的。

（二）勤俭是养德之基

1.勤劳创造美德。

勤劳不仅能创造财富，促进社会的发展和进步，让人们过上美好的生活，而且还能创造美德，引导美德的形成。

古人的逻辑理路是这样的：一方面，"勤可以远淫辟"。理由是"农民昼则力作，夜则颓然甘寝，非心邪念无从而生"（宋纁：《古今药石·续自警编》）。另一方面，"夫民劳则思（这里指民众辛勤劳作则思节俭），思则善心生；逸则淫，淫则忘善，忘善则恶心生"（《国语·鲁语下》）。有劳动的体验，就会想到节俭；想到节俭，就会产生善心；反之，贪图享受就会放纵欲望，放纵欲望就会忘记善心，忘记善心就会滋生邪恶。

基于此种理解，古人得到结论，从一个人对待辛勤劳苦的态度，就能推测出他能否做出合乎道义的行为。"不能甘勤苦，不能恬贫穷，不能轻死亡，而曰我能行义，吾不信也。"（刘向：《说苑·立节》）只有那些不怕劳苦，并以苦为乐的人，才可能遵守道义，践行道义。这说明，勤劳品格对于培养一个人的道义心和责任感具有决定性意义。

2.俭以养德。

古人认为，俭则寡欲。这是因为节俭所呈现的是一种内向回缩的收敛趋势，这个"敛"，其实反映的就是节俭的消费特点，即在物质资料的消耗上尽量减少和节制。如此行为，一方面，要以"寡欲"为前提，因为只有控制物欲、降低物欲，才可能带来后续消费活动的减少和节制；另一方面，在消费活动中的减少和节制，又必然使"寡欲"得到不断强化。不仅如此，节俭在消费上的这一收敛趋势，因能直观展示出个体的节俭力度和决心而较易得到外界的关注和赞誉，个体由此获得的强烈认同感和愉悦感，又推动其在后续行为中更加积极坚持和强化这一趋势。久而久之，就会形成对物欲的良好管理，使之处于一个合理范围，从而有效防止物欲泛滥。

俭则寡欲，寡欲则不贪淫。"凡贪淫之过未有不生于奢侈者，俭则不贪不淫，是俭可养德也。"（石成金：《传家宝》二集卷四《留心集》）基于此种认识，人们确信"俭以养德"，特别是有助于养成廉德，即"惟俭可以助廉"（《宋史》卷三一四《范纯仁传》），甚至认为"欲求廉介，必先崇俭朴"（《曾国藩全集·杂著·劝诫浅语十六条》），俭德是养成廉德的必要前提。至于其中的缘由，石成金一言以蔽之："俭则无贪淫之累，故能成其廉。"（《传家宝》三集卷二《群珠》）司马光在《训俭示康》一文中，则从欲之多寡对君子和小人所造成的不同影响上阐释了俭德对于廉德的重要性。他认为，君子寡欲，则不役于物，就不会因外物诱惑而被人利用，就能在公务中坚持原则"直道而行"；小人寡欲，则能小心谨慎、节约用度，从而远离罪恶，使家境富裕；反之，君子多欲，就会因贪图富贵不走正道而招致灾祸；小人多欲，就会因多方钻营随意浪费而丧生败家。这样的人，当官就会贪赃受贿，不当官就会行窃为盗。

正是由于俭与廉二者的内在联系，所以历史上的清官廉吏，几乎都过着俭朴甚至清贫的生活。比如廉吏范述曾。范述曾（431—509），字子玄，吴郡钱唐（今浙江省杭州市）人。齐明帝即位时，他担任永嘉太守。他为官廉洁公正，节俭朴素，不贪钱财，为此齐明帝下诏予以表彰。当他离任永嘉太守时，跟随的官员都空着手，没有带走任何物资。郡里按照惯例送来二十多万礼钱，他也没有收下一分，郡里的男女老少都来相送，挽留他的哭声传到十里之外。后梁武帝又封他为太中大夫，他把生平所得俸禄，大都施惠于民，以至于老年时"壁立无所资，家徒四壁"。（李延寿：《南史·范述曾传》）

三、勤俭始终是中国人推崇的生活方式

勤俭作为中华民族的优秀品格，得到历代家长的重视、宣传与继承，他们非常注重对子弟从小进行勤俭教育，并留下了许多经典训诫。如"立家之道，全在勤俭。寸阴可惜，岂容不勤？钱财最为难得，当事事从俭。"（曹淇：《训儿录》）"少不勤苦，老必艰辛。少不服劳，老不安逸。"（李邦献：《省心杂言》）"惟是节俭一事，最为美行。"（赵鼎：《家训笔录》）"奢则财散，俭则财聚，此理也。用度当俭，不当奢，亦理也。"（杨简：《纪先训》）

（一）培养勤劳品格

1.言传身教。

家庭作为人一出生就会面对的生活、教育环境，对人的成长至关重要。家长对待某些事情的看法和做法，尤其会给处于儿童时期的子女带

来深刻的影响。

《资治通鉴·唐纪》记载了"郑氏教子"的事情[1]。郑氏，是唐武宗（841—846）在位时浙西观察使李景让的母亲。她年少守寡，个性严明。当子女们都还年幼时，她就亲自教导他们。有一年连续几天下大雨，他们家房子后面的古墙被冲塌了，墙下面露出了一个大木槽，里面装满了钱币，多达几十万。家里的奴仆非常开心地跑去报告郑氏。她来到古墙边上，设案上香祷告道："我听说不劳而获是人生的灾难。对于这样的东西，士君子会慎重对待。如果是上天因为我丈夫的余福而可怜我们，赐给我们这些钱，那么我希望老天爷能让这几个孩子学有所成，以后再以俸禄的方式拿回这些钱，所以现在我不敢取。"接着，郑氏又让人把木槽里的钱仍封存墙内。郑氏的一番话，让景让与弟弟景温、景庄深受教育。后来，三个儿子都获得进士及第的功名，成为刚正不阿的大臣。郑母结合具体事例，教导年幼的子女：要想有所收获，就要勤劳进取，而不能好逸恶劳、不劳而获。她的观点和做法，对于塑造子女的优秀品行无疑具有重要意义。

2.把劳动训练与实践融入日常生活细节中。

南宋叶梦得在《石林治生家训要略》中认为，"要勤"，则必须"每日起早"，朱熹在《童蒙须知》中说："凡子弟，须要早起晏眠。"清代朱柏庐在《治家格言》中强调："黎明即起，洒扫庭除，要内外整洁。"纪昀列举了教子的八则金科玉律，第一则就是"戒晏起"（《纪文达公遗集》）。曾国藩也主张："治家以不晏起为本。"（《曾国藩全集·家书·谕纪泽纪鸿》咸丰十一年三月十三日）他训导侄儿，"吾家累世以来，孝悌勤俭"，祖辈"皆未明即起"（《曾国藩全集·家书·谕纪瑞》同治二年十二月十四日）。他强调"惰为衰气"，为"败家之道""戒惰莫如早

---

[1] 李尚书景让少孤，母夫人性严明。居东都，诸子尚幼，家贫无资，训励诸子，言动以礼。时霖雨久，宅墙夜隤，僮仆修筑，忽见一船槽，实之以钱。婢仆等告，夫人戒之曰："吾闻不勤而获犹谓之灾，士君子所慎者，非常之得也。若天实以先君馀庆悯及未亡人，当令诸孤学问成立，他日为俸钱入吾门，以未敢取。"乃令闭如故。其子景温、景庄皆进士擢第，并有重名，位至方镇。景让最刚正，奏弹无所避。（王谠：《唐语林》）

起"（《曾国藩全集·家书·致澄弟》咸丰十一年七月十四日）。

这些规定中有一个共识，就是把"早起"作为勤劳的重要标志，时至今日，这一观点也仍然为人们所赞同和提倡。"早起"看似是小事，但其中却蕴涵着勤劳精神，并且能很好地磨炼一个人的自律能力。

此外，家长还要求儿童积极承担力所能及的日常性家务劳动。朱熹就反复强调："自冠巾、衣服、鞋袜，皆须收拾爱护，常令洁净整齐。""凡脱衣服，必齐整折叠箱箧中。""凡为人子弟，当洒扫居处之地，拂试几案，当令

洁净。文字笔砚，凡百器用，皆当严肃整齐，顿放有常处。"（《童蒙须知》）显然，这些严格而细致的劳动要求，对于规范子孙后代的言谈举止，使他们从小养成勤劳意识、勤劳习惯，以至于形成坚定的勤劳品格，都具有持久而深刻的影响。

（二）戒惰、戒奢、戒客

要想培养儿童的勤俭美德，养成勤俭的良好生活作风，就必须反对与勤俭相反的几种消极行为。

1.崇勤戒惰。

提倡勤劳，就必然反对懒惰。古人说："勤则家起，懒则家倾。"（宋若昭：《女论语·营家》）如果说勤之核心是吃苦耐劳，那么懒惰的实质就是怕苦怕累，贪图安逸；并由此延伸出懈怠心理和不劳而获的期待。懈怠心理属于消极逃避的行为，具体表现为做事拖延，把本该当下完成的事情无限地推拖到下一刻。针对这种情况，古人反复强调"人生不论贵贱，一日有一日合作之事。若饱食暖衣，无所事事，那得有好结果"（申涵光：《荆园小语》）。

懒惰、懈怠不仅会使人事业停滞，而且还会导致道德堕落。"'懒散'二字，立身之贼（破坏者）也。千德万业，日怠废而无成；千罪万恶，日横恣而无制，皆此二字为之。"（吕坤：《呻吟语·修身》）曾国藩也说："天下古今之庸人皆以一'惰'字致败。"（《曾国藩全集·家书·致澄弟》咸丰十一年七月十四日）因此要求家人"将劳、谦、廉三字时时自惕"（《曾国藩全集·家书·致沅弟季弟》同治元年五月十五日）。同时，他还认为不劳而获是"天下最不平之事"。"若农夫农妇，终岁勤动，以成数石之粟，数尺之布；而富贵之家终岁逸乐，不营一业，而食必珍馐，衣必锦绣，酣豢高眠，一呼百诺。"这种行为"鬼神所不许"，故无法持久。并且长期处于不劳而获中，又会让人深陷懈怠，碌碌无为，"其绝无材技，不惯作劳"，长此以往，最终的命运必然是"唾弃于时，饥冻就毙"的悲惨下场（《曾文正公全集·日课四条》同治十年）。所以，曾国藩再三告诫家中兄弟、子侄要好勤勿逸。

因此一些有识之士意识到不劳而获对于子孙后代的消极作用，所以，他们虽有能力为其提供优渥的生活，但是也会刻意保持俭朴，从而防患于未然。北宋太宗时期的中书侍郎李沆就是这样的人。据《宋史·李沆传》记载，有一年他为安置家眷，在河南封丘县建造了一所住宅。新屋落成时，不少官员、乡绅和百姓赶来，想要一睹新居风采。没想到新房门楼低矮，庭院房舍普普通通，根本没有什么高大的房屋和华美的装饰。有人说："您身为中书侍郎，建造一座华丽的住宅不算过分。您不追求奢侈也就算了，但把新居造得这样狭小，前堂仅容得一匹马转身，也未免同您的身份太不相符了吧？"李沆回答说："这座院子尽管简陋，但可以安居，我在这里的时间有限，真正在这里长居的是我的子孙后代。假如他们不通过自己的劳动而住在豪华舒适的屋子里，一定会丧失奋斗的志向，养成奢华的习惯。那么又能对老百姓和国家做什么贡献呢？还有什么脸面面对皇上和父老乡亲呢？"大家听了，都交口称赞，有些官吏还面露羞愧之色。

2.崇俭戒奢。

崇尚节俭，就必然反对奢侈。"俭则家富，奢则家贫。"（宋若昭：《女论语·营家》）。如果说节俭是一种内敛式消费观，其特点是内向回缩，那么奢侈就是一种扩张性消费观，其特点就是无限膨胀。通过两相对比的生活经验，古人观察和意识到俭与奢所带来的截然相反的后果："俭节则昌，淫佚则亡。"（《墨子·辞过》）"历观有家有国，其得之也，莫不阶于俭约，其失之也，莫不由于奢侈。俭者节欲，奢者放情，放情者危，节欲者安。"（桓范：《群书治要》卷四十七《政要论·节欲》）奢侈甚至会带来祸患。

历史上有名的霍家因奢而败的故事就验证了这个道理。据《汉书·霍光传》记载，霍光（？—前68）是西汉中期有名的人物，任三朝的大司马大将军，拥有极高的权势地位。他们家里过着非常奢侈的生活，到了后代那里更是骄奢淫逸。不过，这样的生活并没有一直延续，而是随着汉宣帝将其满门抄斩而终止了。在其家败亡之前，茂陵有一个读书人徐福曾经预言："霍家肯定要败亡。因为奢侈无度就会骄横，骄横就会冒犯君上，冒犯君上就是大逆不道。不仅如此，地位比别人高，别人就要嫉妒。霍家长期把持朝政大权，忌恨的人一定是很多的。被天下人忌恨，自己又干违背道义的事，怎么能不败亡呢？"

所以，为了避免祸患，富有远见的家长往往都会刻意保持清俭的生活状态。这方面的事例在史书中的记载也很多，在此概举几例。

第一例，张嘉贞。张嘉贞（666—729）是唐代蒲州猗氏（今山西省运城市临猗县）人。曾任工部尚书，定州刺史、知北平军事。根据《旧唐书·张嘉贞传》记载，他虽然长期地位显著，担任重要的官职，但从不置办自己的田地家产。在定州做刺史时，有亲友劝他置办田产，他回答说："常年做官的荣誉已经让我羞愧。既然当过国相，在未死之前，我还担心会挨饿吗？如果被老百姓谴责，即使田地广大也没有用。我看到朝里的官员广占良田，等到死后，这些家产被其无赖子孙当作追逐酒色的资本，所以置办田产有什么意义呢？"众人听了他的话，无不惊叹佩服。张嘉贞为官为父都成为人们的楷模。

第二例，韩滉。韩滉（723—787）是唐代京兆长安（今陕西省西安市）人。他的父亲是唐玄宗时的宰相。韩滉本人曾担任左威卫骑曹参军、检校尚书左仆射，同中书门下平章事。韩滉虽然是宰相的儿子，但生性节俭，褥子、被子用了十年才换掉。酷暑天气里也不用扇子，住所非常简陋。虽然是显贵之家，但家里没有廊屋，他的弟弟看到后加修了大门至正室两侧的廊屋，韩滉见到后立刻让人拆除，并说："我们应该原样保存先父在时家里的样子。如果坍塌了，我们修整一下即可，怎么敢阔修，从而毁了我们的节俭品德呢？"韩滉身居重位而不慕奢华，并且还时刻不忘教育家人。

不仅如此，古人也看到了财富的不确定性，即今日富裕，并不代表永远富裕。故为避免家人因过惯富裕生活而无法适应未来可能出现的贫困生活，在家境富裕时就会刻意保持清俭的生活作风。如张知白。张知白（956—1028）是宋代沧州清池（今河北省沧州市）人。天圣三年（1025）当上了宰相。他在做宰相时住的房屋非常简陋，甚至不能遮风挡雨，平日里的吃穿用度和他任河阳节度判官时并无二致。身边的人劝他："您每月收入不少，为何过得如此清苦呢？您这样做，别人并不会认为您清正廉洁，反而觉得您像公孙弘（西汉武帝时的丞相）一样为官位而假饰清俭、沽名钓誉呢。"张知白感叹道："凭我今天的俸禄，即使按侯王的标准去生活，也不怕不够用。但是人的本性是从俭朴生活进入奢侈生活容易，而倒过来就难了。一旦我的俸禄没有了，而全家人又都习惯了奢华生活，就不能马上过节俭的日子了。但如果像现在这样节俭度日，即使我死了，没有俸禄了，家里人也会照常生活下去。"众人听了，都佩服他的远见。

3.崇俭戒吝。

需要注意的是，俭德并不以对财富的绝对占有为至善，而是主张不吝不啬。

吝的本义是遗憾、悔恨。《说文解字》上说："吝，恨惜也。"啬的本义是收获谷物，其甲骨文字形反映的就是粮食收入谷仓的情形。朱骏声在《说文通训定声》上说："此字本训当为收谷，即穑之古文也。""吝""啬"二字时常连用。"吝""啬""俭"三字的引申义都有强调爱惜外物的意思，但又具有本质的区别。"俭者，节其耳目口体之欲，节己不节人。"（王夫之：《俟解》）俭的核心是"节己不节人"，要节制和控制的乃是自身的物欲和财物消费；至于对他人的救济援助，则尽可能的慷慨大方，并不需要刻意节制；但吝啬则不同，"吝者，穷急不恤之谓也"（《颜氏家训·治家》），由于对财物过度爱惜，所以根本不舍得花钱救助他人，节己亦节人。王夫之说："吝者，贪得无已，何俭之有。"（《俟解》）指明吝啬的实质就是贪婪，这种态度并不属于节俭。因此，人们赞美那些在道德实践中崇俭戒吝、自身虽节俭质朴但却能恤贫救苦的美德和行为。

如东汉时期南阳湖阳（今河南省唐河县湖阳镇）人樊重（生卒不详）。据《后汉书·樊宏传》记载，他不仅勤于农事耕作，懂得经商之道，而且生活极为俭朴，爱物惜物，从不会随意丢弃一样东西，因此，他的家业也在不断扩大。不但拥有了三万多顷田地，而且还有好几间多层的宅院。尽管樊重节俭，但是在他富裕以后却乐善好施，常常救济穷人。不仅供养着全家族的人，而且对周围的乡亲也是有求必应。在他临去世前，让家人把平日里别人向他借贷的几百万文契都拿出来烧毁，表示这些借贷都不需要偿还了。那些借贷的人听说这件事以后都很羞惭，于是争相来还钱，但是他坚决不肯接受。

小结：家训要言

1."俭"之一字，众妙之门。上则以俭养德，无求于人，寡欲于己，德将日进矣。次则以俭养志，志之所以卑污，欲累之也。以刻苦自励，以清虚毓神。范文正公之断齑画粥，诸葛武侯之澹泊明志，可法也。次则以俭养廉，节用而少求，齑盐风味，最可长久。又次则以俭养福，忍不足于前，留有馀于后，何乐如之！（明·袁颢：《袁氏家训》）

2.居家要俭。当念钱财非易，衣服饮食，惟期适口充身，不可浪费。吾永宁地土硗瘠，而天时又亢涝靡定，少有所蓄，庶可以备荒年。（清·于成龙：《于清端公治家规范》）

3.居家最要于勤。盖勤则一家之人不至于惰废，而无游手闲食，以相率为不义之事。（清·靳辅：《庭训》）

4.为人须要勤劳，不可懒惰。无论士农工商，富贵贫贱，总以勤劳为主。凡戏无益，惟勤有功。你道勤劳从何做起？每日必须清晨早起。一人有一人的事业，一日有一日的事干，不可空闲失业，错过了时光。到了夜间，若无正事，须要早睡，明日又好早起。（清·陆一亭：《家庭讲话》）

5.为人要知俭朴。甚么叫做俭朴？就是简省节俭的说话。铜钱银子，有正经事干，当用则用，若无正经事干，不可浪使浪用。（清·陆一亭：《家庭讲话》）

6.不惟寒素之家用财以节，幸处丰泰，尤当准入量出。一日多费十钱，百日即多费千钱，"不节若，则嗟若"。富家儿一败涂地，皆由不知节用而起。（清·汪辉祖：《双节堂庸训》）

7.俭，美德也，俗以吝啬当之，误矣。省所当省曰俭；不宜省而省，谓之吝啬。顾吝与啬又有辨，《道德经》："治人事天莫如啬。"注云："啬者，有馀不尽用之意。"吝，则鄙矣。俭之为弊，虽或流于吝，然与其奢也，宁俭。治家者不可不知。（清·汪辉祖：《双节堂庸训》）

8.节俭者，持盈保泰之要也。国之富，其初未有不俭者，骄泰已甚，而国不可支矣；家之富，其初未有不俭者，奢侈已甚，而家不可保矣。惟君子豫防于骄泰未发之先，杜塞其奢侈将萌之渐。（清·胡达源：《弟子箴言》）

9.量入为出，有所限制，叫做节。可以不用者必不用，或当而犹可省者必省之，叫做俭。"节俭"二字，居家最是要紧。（清·余治：《尊小学斋家训》）

10.勤能补拙，俭可养廉，二者各相济而交相成。勤以任事，则神不外驰，而世俗之纷华，莫能相扰矣。俭以持身，则心常澹定，而暇逸之征，逐非所耽矣。惟勤然后可俭，惟俭然后能勤。上者充之，可以有为；次者循之，亦不失为有守。（清·郭昆焘：《云卧山庄家训》）

志学进取

    志学是一种宝贵的美德和积极的生活态度，是一切事业得以成功的必要条件。"自古圣贤盛德大业，未有不由学而成者也。"（许孚远：《明儒学案》卷四十一《原学篇》）历代家长都非常注重培养儿童的良好学习习惯，期望他们无论身处何种境遇都能勤学上进。纪昀在列举教子"四戒"和"四宜"中，把"宜勤读"[1]（《纪文达公遗集》）列为"四宜"的首位。苏轼在晚年所写的《并寄诸子侄》一诗中，勉励子侄努力学习，勤读诗书。庞尚鹏所撰的《庞氏家训》中强调"以古人为鉴，莫先于读书"等。

一、志学的意义

    学就是指学习，也指培育与修养。其涵盖的内容极为广泛，大体可包括基本的生活技能，一般科学文化知识，特定领域的专门知识和技术，道德理论与修养。其中的道德部分得到古人的格外重视，视其为学的首要目标。当鲁哀公询问孔子，在他的弟子中哪个最为好学时，孔子回答"颜回"。其好学的证明是"不迁怒，不贰过"（《论语·雍也》）。显然地，这是从道德层面上来定义的"好学"。

    古人对"学"如此重视和提倡，是基于他们对"人非生而知之"观点的理解和肯认。孔子说："我非生而知之者，好古，敏（勤勉）以求之者

---

[1] 一戒晏起，二戒懒惰，三戒奢华，四戒骄傲。既守四戒，又须规以四宜：一宜勤读，二宜敬师，三宜爱众，四宜慎食。以上八则，为教子之金科玉律。

也。"（《论语·述而》）既然知识、技能与良好的道德修养并非与生俱来，那么要想获得自身的完善与进步，就必须从后天的努力向学中逐步实现。

（一）学以益智明理

《礼记·学记》上说："玉不琢不成器；人不学不知道。"并且还用了一个非常生动的比喻加以说明。"虽有嘉肴，弗食不知其旨也；虽有至道，弗学不知其善也。"佳肴的美妙滋味，如果没有品尝过就不会真正了解；道理的高深精妙，如果没有学习过就不会有深刻体悟。所以要想益智明理，就需学习。荀子说："木受绳则直，金就砺则利，君子博学而日参省乎己，则知明而行无过矣。"（《荀子·劝学》）只有通过广泛地学习、不断地反省，才能让自己智识清明，行为无过错。许孚远也强调"学则智，不学则愚"；学习不仅有利于增长才智、避免愚钝，而且还有助于培养做事的条理性，"学则治，不学则乱"（许孚远：《明儒学案》卷四十一《原学篇》）。此外，人们还深刻意识到，尽管人的禀赋存在高低差异，但是学习却能让任何人都有收获，"人之天分有不同，论学则不必论天分"（王艮：《明儒学案》卷三十二《心斋语录》）"人才有高下，知物由学。学之乃知，不问不识"；而且即使天赋很高，也不能不学而会，不学而成。"智能之士，不学不成，不问不知。"（王充：《论衡·实知篇》）

韩愈说："人之能为人，由腹有诗书。"（《符读书城南》）人之所以称为人，是因为其精通诗书。康有为继承了这一观点，认为"能学"是人与动物的区别点，人之所以高于万物，贵于万物，就在于"能学"，"同是物也，人能学则贵异于万物矣"。在此基础上，他又通过层层递进的几方面的对比，剖析了"能学"对于人的重要性。"同是人也，能学则异于常人矣；同是学人也，博学则胜于陋学矣；同是博学，通于宙合则胜于一方矣；通于百业则胜于一隅矣。通天人之故，极阴阳之变，则胜于循常蹈故，拘文牵义者矣。故人所以异于人者，在勉强学问而已。"（康有为：《长兴学记·学记》）同样为人，但是是否"能学"则把人区别开来；同样是能学的人，但是是否"博学"又把"能学之人"区别开来；同样是

"博学之人"，但能通晓天地四方的人胜过只知某一方面的人，能通晓各种专业的人胜过只知某一专业的人；通晓天人交感之事、穷尽天地间阴阳变化道理的人，则胜过循规蹈矩、只知照本宣科的人。所以，一个人和另一个人相区别，并能胜过另一个人的地方，就在于他"能学"。康有为的这番议论，让人们对"学"之价值有了直接而具象的理解，从而更易于激发努力向学的强烈意愿。

（二）学以养德修身

首先，古人一再强调"学"对于培养各种美德、成就理想人格的重要性。这方面的论述非常多，如"立身百行，以学为基"（许名奎：《劝忍百箴·好学之忍》）；"君子不学，不成其德"（《汉书》卷五十六《董仲舒传》）；"成身莫大于学"（《吕氏春秋·尊师》）；"所谓'圣'者，须学以圣"（王充：《论衡·实知篇》）；等等。

其次，认为任何人都有"学"之必要性。一方面，任何资质的人，无论愚贤都可以通过学，在现有基础上得到进一步的提升。"夫人愚，学而成贤；贤、学不止成圣。"（《太平经·贤不肖自知法》）另一方面，个人拥有再好的天赋也不能轻视学、放弃学，因为仅有天赋并不足以成为君子。"人虽有美质而不习道，则不为君子。"（徐干：《中论·治学》）

再次，强调学能让人品行端正。扬雄说："学者，所以修性也。视、听、言、貌、思，性所有也。学则正，否则邪。"（《法言·学行》）其中的原理，吴麟徵在《家诫要言》中做了具体说明："多读书则气清，气清则神正，神正则吉祥出焉，自天佑之。读书少则身暇，身暇则邪间，邪间则过恶作焉，忧患及之。"虽然这种解释带有一定的迷信色彩，但是读书能让人气清神正，保持积极向上的精神状态，却是正确的。这种状态显然有益于修身养性。

（三）学是获得一切成功的先决条件

一个人只有通过"学"，才能不断实现智识的累积以及品德的完善，才能把自己锻造成才。"人之有学也，犹物之有治也。故夏后之璜，楚和之璧，虽有玉璞、卞和之资，不琢不错，不离砥石。"（王符：《潜夫论·

赞学》）一个人的资质再佳，如果不经过"学"这一加工雕琢的过程，也无法成才，无法实现建功立业、兼济天下的远大理想。当然，也不可能为拓展和改善自己的生活生存以及发展环境提供更大的可能性，"知识改变命运"正是现代人对"学"这一价值的集中概括。

关于"学"对人生的重要意义，韩愈在给儿子的训导诗《符读书城南》[1]中做了较为全面的描述。"木之就规矩，在梓匠轮舆。人之能为人，由腹有诗书。诗书勤乃有，不勤腹空虚。欲知学之力，贤愚同一初。由其不能学，所入遂异闾。两家各生子，提孩巧相如。少长聚嬉戏，不殊同队鱼。年至十二三，头角稍相疏。二十渐乖张，清沟映污渠。三十骨骼成，乃一龙一猪。飞黄腾踏去，不能顾蟾蜍。一为马前卒，鞭背生虫蛆。一为公与相，潭潭府中居。问之何因尔，学与不学欤。金璧虽重宝，费用难贮储。学问藏之身，身在则有余。君子与小人，不系父母且。不见公与相，起身自犁鉏。不见三公后，寒饥出无驴。文章岂不贵，经训乃菑畲。潢潦无根源，朝满夕已除。人不通古今，马牛而襟裾。行身陷不义，况望多名誉。时秋积雨霁，新凉入郊墟。灯火稍可亲，简编可卷舒。岂不旦夕念，为尔惜居诸。恩义有相夺，作诗劝踌躇。"

在这首诗中，开篇"木之就规矩，在梓匠轮舆"借用了《孟子·尽心下》中"梓匠轮舆能与人规矩，不能使人巧"一句。意为那些制作车轮、车厢的木工和木匠，虽然能把制作这些器物的一般方法和原则传授给别人，但是却不能让别人成为能工巧匠。也就是说，工匠之"能""巧"，并不能仅凭别人的传授就顺势拥有，而是必须经过自身的勤学善思、不断摸索才能获得。接下来，又通过两相比较说明"学之力"（学习的效用）。两个天生资质差不多的孩子，由于后天学的情况不同，因而随着他们的年龄增长，在才能智识上渐次显现出差异。并随之呈现出社会地位的差距，一个飞黄腾达，身居高位；一个身份卑微，任人鞭打。不仅如此，对于个人

---

[1] 元和十一年的秋天，为了让儿子韩昶（符是他的小名）专心读书，于是把他送到城南别墅，并作诗以示训导。

而言，学问更胜黄金玉璧。因为黄金玉璧还不好携带，关键时刻想用而不能用；但学问就内存于自身，随时可取可用。虽然这首诗中也有轻视普通劳动者的消极倾向，但是强调"学"对于个人成长成才以及进步发展的重要作用，则是积极的。

宋代王安石曾作《劝学文》一诗，对读书的益处做了简洁、直接的说明。"读书不破费，读书利万倍。窗前读古书，灯下寻书义。贫者因书富，富者因书贵。"读书不用花太多钱，但是却可获得良多。只要刻苦攻读，贫穷的人就会因知识而富足，因知识而改变命运；而本来就富足的人，则会因知识丰富而尊贵。

二、志学的要求与内容

"学"如此重要，不能有丝毫懈怠。"用功如远行，迟半日则程途少半日。"（赵世显：《一得斋琐言》）

（一）好学

好学是志学的基本内涵及要求。"好学"之"好"，就是喜欢、热爱，它表达了人们对于知识的强烈渴望与追求。古人把学的过程看作是一个追赶的过程。学习就好像追赶什么似的，总怕追不上。追上了又害怕被甩

掉。这也就意味着在追赶的过程中稍有松懈就可能会失去，"学如不及，犹恐失之"（《论语·泰伯》）。因为这种紧迫感与危机感，所以他们对"学"极尽小心与重视，强调要"就有道而正焉"（《论语·学而》），向那些有道之人求教。与此同时，对衣食住行等基本生活需求的满足则并不在意，"食无求饱，居无求安"成为人们在此事上的一般态度，而"废寝忘食"则成为赞誉"好学"的常用词语。

"好学"又具体表现为多问与求索。

1. 多问。

多问是人们渴望了解更多未知世界而有意识采取的积极行动，带有强烈的学习主动性与自觉性。所以，古人非常提倡"问"。"不知则问，不能则学。"（《荀子·非十二子》）鼓励人们要多向他人学习；特别是遇到自己不熟悉的事物时，更是要多问他人，从而帮助自己拓展知识、加深见解。明朝著名学者宋濂（1310—1381），被明太祖朱元璋赞誉为"开国文臣之首"，从小就十分好学。有一次，为了弄清楚一个问题，不惜顶着雪走了好几十里地去请教一位已经不收学生的老师，遗憾的是到达后老师却没在家。几天后，宋濂又去拜访老师，不过老师却没有接见他。这一次因为天冷宋濂的脚趾都冻伤了。等到第三次宋濂再去拜访时，又掉到雪坑里，幸好被别人救了出来。等他到了老师的家门口时，几乎就要晕倒了。他的诚心向学深深感动了老师，于是把他接待到屋里，并耐心解答了他的问题。后来，为了求得更多学问，宋濂还拜访了许多老师，最终成为一位远近闻名的大学者。

关于"多问"，需要破除两个认识误区。第一，求问的对象，并非一定是在所有方面都胜过自己的人。"闻道有先后，术业有专攻"（韩愈：《师说》），即使对方在某一方面，如年龄、地位、资历、学识等与自己存在差距，甚至远远落后于自己，但是只要在己身所不了解、不擅长的领域或事物上，其具有超越于己的见识和能力，那么，他就可以成为自己请教的对象，哪怕对方只是一个小牧童，也要尊敬受教。"使有牧童呼我来前曰：'我教汝。'我亦敬听其教。"（杨简：《纪先训》）孔子倡导的"不耻下问"（《论语·公冶长》），"三人行，必有我师焉"（《论语·述而》），体现的就是在请教他人时所应持有的平等、开放的姿态。第二，求问他人，不宜过分顾虑，以致胆怯或犹豫不前。虽然向人请教确实会给对方带来一定打扰，但也不要因此就不好意思开口或者不敢深入追询。据《论语》记载，"子入太庙（春秋鲁国的祖庙），每事问。或曰：'孰谓鄹人之子知礼乎？入太庙，每事问。'子闻之，曰：'是礼也。'（《论语·八佾》）孔子进入太庙时，每件事情都要问一下。有人就说："谁说他知礼呀？每件事情都要问。"孔子听说了这件事，回答说："这正是合礼的表现。"在孔子看来，不懂装懂，不知以为知，才不符合礼的要求，才是要避免的行为。

2.求索。

求索体现的是人们不因循守旧、积极追求事物真相的探究精神。要想掌握真理，了解世界真相，从而摆脱人在自然界和人类社会中的被动性和束缚性，获得更多的主动性与创造性，人就必须具有这一精神。这一点，在科学的发展道路上尤显重要。

求索的核心是善于观察和思考。富有探索精神的人，总是善于从那些看似平常的场景中发现真理。"人间四月芳菲尽，山寺桃花始盛开"，这是人们非常熟悉的两句诗。描写的是在不同地点，在同样的时段里，桃花的开放情况却不同。作为一种生活常态，很多人虽然观察到这一差异，却并未深思。但是少年沈括（1031—1095）却不同，他在思考这种现象背后的原因："为什么我们这里花都开败了，而山上的桃花才开始盛开呢？"带着问题，他和几个小伙伴到山上去进行实地考察，发现原来四月的山上，凉风阵阵，气温比山下低了很多，因此山上的桃花才开得晚。应该说，如果没有这股积极求索的精神，沈括也难以成为著名的科学家，也写不出具有世界性影响的著作《梦溪笔谈》。再比如，人们常把领养的儿子称为"螟蛉子"或"螟蛉义子"。这一称呼来自民间的一个传说——蜾蠃把螟蛉衔进窝里，然后又把它变成自己的儿子。对于这个传说，陶弘景（456—536）并不十分相信。于是他在村边的一个菜园子里找到一窝蜾蠃，并每天蹲在旁边观察它们。最后，他终于找到了其中的缘由。原来，螟蛉本身就有雄雌，并在它们身上产卵，待螟蛉幼虫孵化出来以后，就以螟蛉为食。自己就可以生出儿子。这些儿子需要食物，于是螟蛉就衔来螟蛉，并在它们身上产卵，待螟蛉幼虫孵化出来以后，就以螟蛉为食。也就是说，螟蛉是被衔到窝里给幼虫作食物的，根本就没有所谓的"螟蛉义子"这回事。

通过两个事例可见，与人云亦云，亦步亦趋地附和、重复别人的观点或意见相反，求索精神具有可贵的独立性和进取性，这也是好学的表现。

（二）力学

力学必得刻苦，这是勤学的核心内涵及要求。"成大业，致大名，决非逸豫可得，必自刻苦中来。"（石成金：《传家宝》二集卷二《绅瑜》）刻苦学习是通往成功道路的必备态度，要求儿童在学习上不怕苦不怕累，"三更灯火五更鸡，正是男儿读书时"是人们对苦学精神的热情讴歌；"闻鸡起舞"则成为激励儿童勤学苦练的榜样事例。

东晋时期杰出的军事家祖逖（266—321）小时候不爱读书，但是随着年龄的增长，他意识到没有知识就无法报效国家，于是下定决心发奋读书。他曾经几次去京都洛阳，接触过他的人都说，祖逖是个人才，能帮助帝王治理国家。在他二十四岁时有人推荐他去做官，他也没有答应，还是坚持读书。后来，他和儿时好友刘琨一起担任了司州主簿。两个人不仅感情深厚，而且拥有共同的远大理想，都希望能建功立业，复兴晋国。有一天半夜，祖逖在睡梦中听到公鸡打鸣，他踢醒刘琨，说："别人听到半夜鸡叫觉得不吉利，我可不这样想，咱们以后听见鸡叫，就起床练剑怎么样？"刘琨答应了。此后，每天只要听到公鸡打鸣，他们就起床练剑，寒来暑往，从不间断。经过长期的刻苦训练，二人成为文武双全的人才。后来，祖逖被封为镇西将军，刘琨做了都督，他们都实现了报效国家的愿望。

刻苦的具体表现有以下两点：

1.发奋读书。

发奋读书，就意味着要克服各种困难、压力，甚至困窘。在这方面，古人留下了许许多多的经典事例，人们又把这些事例浓缩为成语，成为劝诫儿童努力向学时的常用语。比如悬梁刺股。为了克服生理疲倦以延长读书时间，孙敬用绳子把头发拴起来悬挂在房梁上，苏秦则用锥子去刺扎自己的大腿[1]。比如凿壁偷光，囊萤映雪。这几个故事背景都是一致的，就是主人公家境贫寒，买不起蜡烛，没法在夜晚看书。于是匡衡就在墙壁的裂缝处凿出一个小孔以借用邻居家的微弱烛光读书；车胤抓了许多萤火虫放在手帕里就着萤光读书；孙康则借着房外堆积的大雪雪光来读书[2]。虽然这些方式在今天看来都不应效仿，但是这些人物身上所体现的刻苦求学精神则令人钦佩，值得学习。此外，还有一些读书故事也为人们所熟知。比如北宋时期杰出的政治家、文学家范仲淹断齑划粥的故事。范仲淹（989—1052）从小读书十分刻苦，曾在继父友人的引荐下到邹平青阳醴泉寺寄宿读书。当时，他的生活很艰苦，每天只能用容器煮上一锅粥，过了一晚上，粥就凝结起来了。于是范仲淹用刀把粥分成四块，早晚各吃两块，再切些咸菜做小菜，每天吃粥时吃一点，吃完再继续读书。

综合以上这些经典事例，不难发现其共通之处：在发奋读书的背后，

---

[1] 头悬梁，说的是东汉时期著名政治家孙敬的故事。他年轻时非常勤奋好学，从早到晚地读书。有时因为读书时间太长而感到疲倦。为了避免打瞌睡而影响读书，他想出了一个办法：就是用一根绳子，把自己的头发绑在房梁上。这样，如果他打盹，只要头一低下来，绳子就会牵住头发，头皮就会被扯疼，而他也会马上清醒过来，接着读书。锥刺股，说的是战国时期著名政治家苏秦的故事。在他年轻时到过许多地方做事，但是由于学识不够而不受重视。回到家后，家人也看不起他，对他很冷淡。这使他受到很大的刺激，决心发奋读书。他常常读书到深夜，这时候人很疲倦，也发困。为了消除困意以继续读书，于是他准备了一把锥子，只要自己打瞌睡，就用锥子往大腿上刺一下。这样就会因为疼痛而使困意消失，能继续读书。

[2] 凿壁偷光，讲的是西汉时期著名学者匡衡的故事。匡衡小时候家里很穷，买不起蜡烛，到了晚上没法看书。有天晚上，他无意中发现自家墙壁上好像有一丝光亮，他靠近一看，原来是墙壁上裂了一道小缝，因此邻居家的烛光透了进来。于是匡衡找来工具，在这道裂缝处凿出一个小孔。此后的每天晚上，他都借着这道从小孔里透出的烛光看书。囊萤映雪，讲的是两个人的故事。囊萤说的是晋代车胤，从小因为家里穷，没钱买灯油。所以无法在晚上背诵诗文。有一天晚上，他偶然发现飞舞的萤火虫好像一个一个光点。他想道：如果把这些萤火虫都聚拢到一起，不就是一盏灯吗？于是，他抓了几十只萤火虫放在一个白绢口袋里吊起来，借着萤光读书。映雪讲的则是同朝代的孙康，在冬天夜里利用雪映出的光亮看书。（《晋书·车胤传》记载："胤……家贫不常得油，夏月则练囊盛数十萤火以照书。孙康家贫，常映雪读书。"）后来人们常用"凿壁偷光""囊萤映雪"来比喻家境贫苦，刻苦读书。

蕴藏着个人勤勉不倦、积极进取，并坚持不懈的奋发精神。这种精神历来得到中华民族的鼓励和提倡，认为这是对待人生、学业、德业和事业的一种积极心态和高尚品格；这种品格能给身处逆境中的人们以无限的激励，为他们克服或来自自身的生理怠惰或来自学习环境的压力，提供着源源不断的坚强动力，从而帮助他们克服人生困难，实现人生理想。

2. 超常付出。

在人们的语言系统中，勤学，往往与苦练连在一起，并称为"勤学苦练"。王充说："骨曰切，象曰瑳，玉曰琢，石曰磨；切磋琢磨，乃成宝器。人之学问、知能成就，犹骨象玉石切磋琢磨也。"（《论衡·量知》）对骨料加工叫作切，对象牙加工叫作瑳，对玉料加工叫作琢，对石料加工叫作磨。一个人要想获得大学问与大成就，就必须经过刻苦训练，必须像骨、象、玉、石之成器一样经过一番加工。由此，"切磋琢磨"也成为比喻在学习上刻苦钻研的常用词语。

刻苦训练，集中表现为超常付出。超常，就意味着在学习过程中付出超于常人千百倍的练习。"人一能之，己百之，人十能之，己千之。果能此道矣，虽愚必明，虽柔必强。"（《礼记·中庸》）别人用一分努力能做到的事，自己要用一百分的努力去做；别人用十分努力能做到的事，自己要用一千分的努力去做。如此举动是基于两个坚定信念：第一，勤能补拙。即使天赋不如人，但只要付出更多努力，就可以赶上甚至超越。如北宋著名政治家司马光小时记忆力很差，别人背下一篇文章，一般只需读上三四遍，再差一点读上十遍。但是他就需要读上几十遍才行。为背下文章，他经常读书至深夜。第二，一分耕耘一分收获。付出越多，收获越大；付出越多，实现目标的可能性越大。"百倍其功，终必有成。"（康有为：《中庸注》）因此，古往今来，那些取得成就的人无不是勤勉好学的典范，无不在其所从事的事业中付出超越常人的艰苦努力。其不惧劳苦、坚忍不拔的品格和精神不仅得到了人们的尊重与景仰，而且带给人们以无限的激励与鼓舞。他们的勤学事迹也成为家长教诫子弟的绝佳素材。如叶梦得勉励儿子以孔子和周公为榜样，孜孜向学："虽仲尼天纵，而韦编三

绝，周公上圣，而日读百篇。汝当常若不足，不可临深以为高也。"（《石林家训》）

（三）勤学

"业精于勤，荒于嬉。"（韩愈：《韩昌黎先生集》卷十一《进学解》）勤学是志学的必然要求。"君子力学，昼夜不息也。"（《太平经·力行博学诀》）朱熹强调："德之所以成，亦日学之正、习之熟、说之深，而不已焉耳。"（《四书章句集注·论语集注》）要想学有所成，就必须坚持不懈，绝不能停止和间断。

1.持之以恒。

孟子曾经用一个生动的比喻来说明恒心之重要性。他说："虽有天下易生之物也，一日暴之，十日寒之，未有能生者也。"（《孟子·告子上》）即使是天底下最容易生长的植物，但如果晒一天，冷十天，也不能得到很好的生长。历史证明，凡是在某一方面有所成就的人，无不具有毅力与恒心，对于自己所从事的事业始终如一，即使面对困难也不停止努力。

宋代罗大经所作的《鹤林玉露》一书中记载了北宋学者杨时和南宋学者张九成勤学不息的事迹。"胡澹庵见杨龟山，龟山举两肘示之曰：'吾此肘不离案三十年，然后于道有进。'张无垢谪横浦，寓城西宝界寺。其寝室有短窗，每日昧爽，辄执书立窗下，就明而读，如是者十四年。洎北归，窗下石上双趺之迹隐然，至今犹存。前辈为学，勤苦如此。然龟山盖少年事，无垢乃晚年，尤难也。"北宋官员胡澹庵拜见大学者杨龟山[1]，杨龟山举起两个胳膊肘给他看，说："我的这两个胳膊肘在三十年的时间里都不离桌案，所以才能在学业上有所精进。"南宋官员张无垢[2]被贬谪到横浦，寄宿在城西的宝界寺。他的寝室里有一扇小窗，每天天刚亮，他就拿

---

[1]　杨时（1053—1135），字中立，号龟山。祖籍弘农华阴（今陕西省华阴市东），南剑西镛州龙池团（今福建省三明市将乐县）人。北宋哲学家、文学家、官吏。他四十岁时还"程门立雪"，向大学者程颐求教。

[2]　张九成（1092—1159），字子韶，号无垢，汴京（今河南省开封市）人，后迁海宁盐官（今浙江省海宁市）。南宋官员、数学家。

着书站在窗下，借着晨光学习，如此坚持了十四年。等到他回京城就职后，窗下的石板上，还可以隐约见到双脚鞋印。前辈们做学问，如此勤恳刻苦。只不过杨龟山勤学是从年少时开始，而张无垢则是在年长之后，因而更加艰难罢了。

持之以恒之所以重要，一是因为学习是一个过程，必须经历一定时间方可有所成就。"学者为学，譬如炼丹，须是将百十斤炭火煅一饷（一定的时间），方好用微微火养教成就。今人未曾将百十斤炭火去煅，便要将微火养将去，如何得会成。"（朱熹：《朱子语类》卷八）学的过程仿佛炼丹的过程，需要不断添加炭火，持续进行。所以，既不能盲目求快，"学欲速不得""亦不可怠"（程颢、程颐：《二程集·河南程氏遗书》卷十八），也不能怠惰中断。二是有利于知识积累，由量变而至质变。"虽咫尺以进，往而不辍，则山泽可越焉。"（葛洪：《抱朴子·外篇·勖学》）每日的累积哪怕再小，但只要不停止，日积月累，也可成其大者。"海不辞水，故能成其大；山不辞土石，故能成其高；……士不厌学，故能成其圣。"（《管子·形势解》）学业、德业和事业的进步与跃升，正是以长久的日积月累为基础。三是有利于保持学习的连贯性。这种连贯性有利于在已有知识储备和结构上推陈出新，提出新的理论和观点，从而实现"日新者日进"（程颢、程颐：《二程集·河南程氏遗书》卷二十五）的良性发展。因此，人们一再强调"有恒则无所不破，水滴石穿，绳锯木断"（康有为：《孟子微》卷七），半途而废就将一事无成，"间断无所能成"（康有为：《孟子微》卷七），所有理想目标的设定也都变得没有意义，"止之不作，犹如画地"（杨梦衮：《草玄亭漫语》）。

正是由此观点出发，家长教导子弟学习如同耕耘，只要坚持不懈必会有所收获的道理。"力学如力耕，勤惰尔自知。但使书种多，会有岁稔时。"（刘过：《书院》）而"只要功夫深，铁棒磨成针"则成为中国人普遍信奉的学习信条。

2.专心致志。

需要注意的是，持之以恒必以专心致志为精神内核。所谓专心致志，一是具有强大的定力，不为外界所干扰。"用心专者，雷霆不闻其响，寒暑不知其劳。"（李邦献：《省心杂言》）二是一心一意，谨终如始，把注意力聚焦于一件事，而不见异思迁。"一事未毕，彼事不为。"（杨简：《纪先训》）如果无法做到这些，那么就算正常条件下的普通功课也难以完成，更遑论面对困境刻苦攻读。因此，家长教诫子弟为学应似"窃盗取地窟"一样，只有"一锹复一锹，不敢作声，不敢思量他事，但一心求彻"，如此才能有所成就，"不患所学不成也"（杨简：《纪先训》）。

孟子曾以下棋为例，说明专心致志在学习中的重要性。他说：下棋只是一种小技艺，算不上什么大本领。但是如果不能做到专心致志，也学不好。从前，有个叫秋的棋手，因为棋艺高超，所以人们称他为弈秋。他收了两个学生，给他们一起上课。不过，这两个学生听课的状态完全不一样。一个学生听得特别认真，对于弈秋的讲授全神贯注，专心致志；一个学生好像也在听讲，但心不在焉，时不时地望望窗外。看到有天鹅飞过，就想：如果自己能有一张弓几支箭，那么就可以射天鹅了。所以，两个人即使是同时听讲，但是他们的学习效果却截然不同。这难道是由于他们的智商不一样吗？当然不是。[1]

所以，学有所成的人必然具有专心致志的品格。西汉时期著名的儒学家董仲舒[2]，在他书房的后面就是一个漂亮的花园；但是他学习时心无旁骛，专心研究，所以三年的时间里，他都没有进去观赏过一次。[3]

---

[1] 今夫弈之为数，小数也；不专心致志，则不得也。弈秋，通国之善弈者也。使弈秋诲二人弈，其一人专心致志，惟弈秋之为听。一人虽听之，一心以为有鸿鹄将至，思援弓缴而射之，虽与之俱学，弗若之矣。为是其智弗若与？曰：非然也。（《孟子·告子上》）

[2] 董仲舒（前179—前104），西汉广川（河北省景县广川镇大董故庄村）人。他在《举贤良对策》中系统地提出了"天人感应""大一统"的学说以及"诸不在六艺之科、孔子之术者，皆绝其道，勿使并进"的治国思想。汉武帝采纳了他"推明孔氏，抑黜百家"的建议，从而使儒学成为中国封建社会的正统思想。

[3] 少治《春秋》，孝景时为博士。下帷讲诵，弟子传以久次相授业，或莫见其面。盖三年不窥园，其精如此。（班固：《汉书·董仲舒传》）后人常用"目不窥园"形容埋头读书，专心致志。

（四）惜阴

古人常把志学与惜阴紧密联系在一起，认为志学是珍惜光阴的重要表现。

一方面，"少年易学老难成"（朱熹：《偶成》）。人处于不同的年龄阶段，体力、精力等都存在较大差异。同样的学习活动，在不同的年龄阶段的学习效果明显不同。年少时体力、精力充沛，更易于吸收和积累知识；年老时体力、精力衰退，学习效果亦会弱化。另一方面，"少壮工夫老始成"（陆游：《冬夜读书示子聿》）。少年时代的学习积累到了老年就会显现出来。年少时光是人生的初始阶段。此时若能专心学习，必然会为未来发展打下扎实基础，从而创造有利条件。少年时光宝贵且易逝，所以理应格外珍惜，"人少壮则自当勉，至于老矣，志力须倦，又虑学之不能及，又年数之不多"（程颢、程颐：《二程集·河南程氏遗书》卷十）。同时，还要立刻行动，不要因拖延而荒废。故而家长总是谆谆叮嘱："凡事莫推明日，明日最是误人。"（石成金：《传家宝》初集卷五《安乐铭》）

因此，人们赞赏那些抓紧一切时间学习的人。比如隋朝的李密（582—619），少年时曾经被派到宫里当侍卫。由于在值勤时左顾右盼被隋炀帝看到，觉得他不够沉稳，于是免掉了他的差使。李密回到家后，并没有意志消沉，反而决心做一个有学问的人。他利用一切时间发奋读书。有一次骑着牛去看望朋友，路上的时间也没浪费，他把书挂在牛角上阅读。这个情景被人看到了，一时传为佳话。

为鼓舞人们努力向学，古人还写下大量的劝学诗。唐代颜真卿的《劝学》就是其中的杰作："三更灯火五更鸡，正是男儿读书时。黑发不知勤学早，白首方悔读书迟。"这些诗歌也成为家长引导教育子弟珍惜光阴的重要素材。当然，强调少时学习，并不意味着年岁渐长就可以放弃读书。孔子说："朝闻道，夕死可矣。"（《论语·里仁》）即使早上才学到，晚上就死了，也是值得的。由于精力衰退，年老时期的学习效果固然不如年少时期，但也胜过不学。"不犹愈于终不闻乎？"（程颢、程颐：《二程集·河南程氏遗书》卷十）学习作为一项终身实践，在任何年龄段都可以有所收获，并因之而照亮自己的人生。"小而学者，如日出之光；长而学者，如日中之光；老而学者，如日暮之光；人生不学，冥冥如夜行。"（佚名：《太公家教》）

三、志学品格和习惯的培养

那么，家长该如何培养儿童形成良好的学习习惯呢？

（一）提供有利的学习氛围

环境对个人的成长与品德的养成具有强大的熏习力量，荀子对此曾说过两段很有名的话。一段是："蓬生麻中，不扶而直；白沙在涅，与之俱黑。兰槐之根是为芷，其渐之滫，君子不近，庶人不服。"（《荀子·劝学》）即使本身原来并不十分美好的事物，但由于生长在一个好的环境中，它本身也会逐渐改变，向着好的方向发展。反之亦然，即使那些本身原来很美好的事物，但由于恶劣环境的影响，而导致变坏的趋势，由此可见外在环境之"渐""靡"的巨大作用力。这与我们平常所说的"近朱者赤，近墨者黑"意义相类。另一段是："人积耨耕而为农夫，积斫削而为工匠，积反货而为商贾，积礼义而为君子。工匠之子莫不继事，而都国之民安习其服。居楚而楚，居越而越，居夏而夏；是非天性也，积靡使然也。故人知谨注错，慎习俗，大积靡，则为君子矣。"（《荀子·儒效》）所以，人"可以为尧禹，可以为桀跖，可以为工匠，可以为农贾，在注错习俗之所积耳"。（《荀子·荣辱》）这说明，对于天性相同的人们，由于身处不同的生活境遇里，长期受到不同习俗的影响，因而在后天的表现上会有很大的差异。一方面，他们的人生道路和职业面貌大不相同；另一方面，他们的道德水平参差不齐。所有这些不同，都证明着一个观点："习俗移志，安久移质"（《荀子·儒效》）。顺沿这样的思路，所得出的结论自然就是："君子居必择乡，游必就士，所以防邪辟而近中正也。"（《荀子·劝学》）君子在选择居住地时要慎重，出外旅游时也要与德行高尚的人结伴，如此方可防止邪恶的熏染而接近正道。

因此，家长们都非常注重为子女提供正能量的成长环境。中国历史上著名的"孟母三迁"就是这方面的经典事例。孟子小时候很调皮贪玩。他们家的房子离墓地很近，于是孟子就和邻居家小孩玩起办理丧事的游戏，他们一起学着大人跪拜、哭嚎的样子。孟母看到这个情景，心里想：这样下去可不行。我们不能住在这里了。于是孟母就带着孟子搬到市集旁边去住。到了这里以后，孟子又和邻居的小孩玩起模仿商人做买卖的游戏。孟母看到这个情景，心里想：这个地方也不适合我们居住。于是，他们又一次搬了家。这一次，他们搬到了一所学校附近。孟子和小伙伴的游戏内容也和以前不一样了，他们学着祭祀仪式以及打躬作揖、进退朝堂等古代宾主相见的礼仪。看到这个情景，孟母很欣慰地想：我们可以在这里居住了。于是就把家安在了这里。等孟子长大成人以后，学成六艺，成为一位著名的儒学家。[1]孟母利用环境渐染来教化孩子，得到了人们的赞扬和效仿。

（二）注重言传身教

由于父母与子女接触密切频繁，其言行无时无刻不对子女造成潜移默化的影响。因此，在对子女的训导上，父母所持的态度尤为重要。

一方面，他们可以根据当下所发生的事件，随时随地进行针对性劝导。司马光的《家范》中记载了这样一件事。"唐侍御史赵武孟，少好田猎，尝获肥鲜以遗母。母泣曰：'汝不读书，而田猎如是，吾无望矣！'竟不食其膳。武孟感激勤学，遂博通经史，举进士，至美官。"唐代侍御史赵武孟，年少时喜欢打猎。有一次捕获了肥鲜的猎物。当他把猎物献给母亲时，母亲不但没有高兴，反而哭着说："你不读书，只好打猎，我还有什么指望呢。"也没有吃他送来的美食。赵武孟因母亲的教诲而心生触动，于是开始勤奋学习，终于博通经史，考中进士，当了大官。再比如刘向的《列女传》中还记载了孟母断机教子的故事。孟子小时候，有一次放学回

---

[1] 邹孟轲之母也，号孟母。其舍近墓，孟子之少也，嬉游为墓间之事，踊跃筑埋。孟母曰："此非吾所以居处子也。"乃去，舍市傍，其嬉戏为贾人衒卖之事。孟母又曰："此非吾所以居处子也。"复徙舍学宫之傍，其嬉游乃设俎豆揖让进退。孟母曰："真可以居吾子矣。"遂居之。及孟子长，学六艺，卒成大儒之名。（刘向：《列女传·邹孟轲母》）

家，孟母正在织布，看见他回来就问道："学习怎么样了?"孟子漫不经心地回答："跟以前一样。"孟母看到他这种态度，非常生气，就用剪刀把织了一半的布全部剪断。孟子看了很害怕，问她为何要这样做。孟母回答说："子之废学，若吾断斯织也。"你怠惰学业，止步不前，就好似我剪断织好的布一样。学习就像织布，必须依靠一丝一线的长期积累。只有持之以恒，坚持不懈，才能学识渊博，才会成才；怠惰止步就如同断机，最终必然学无所成。听了母亲的话，孟子幡然醒悟，从此勤学苦读。

另一方面，他们还通过自身的实践行动以身作则，为子女树立可供效仿的勤学榜样。如宋代叶梦得在家训中就以自身为例，说自己虽目力极昏，"然盛夏帐中亦须读数卷书，至极困，乃就枕；不尔，胸次歉然若有未了事"，要求儿子们刻苦学习，"且须先读书三五卷，正其用心处，然后可及他事，暮夜见烛复燃。若遇无事，终日不离几案"（《石林家训》）。还有大诗人陆游，写下许多劝学诗，勉励儿子们珍惜时光，努力学习，用知识报国恤民。"我今仅守诗书为，汝勿轻捐少壮时""已与儿曹相约定，勿为无益费年光""我老空追悔，儿无弃壮年""何似吾家好儿子，吟哦相伴短檠前"，等等。

（三）即事即学

"即事，即学也""事即学也"（杨简：《纪先训》），做事就是修习。古人认为与书本所得相比，事上磨炼更为真实深切。因此，踏实做事也成为"学"的重要方式之一。

古代商贾之家普遍将做事视为培养子弟商业才干的重要途径。徽州民谣唱道："朝早起，夜迟眠，忍习耐守做几年""前世不修，生在徽州，十三四岁，往外一丢"。徽商子弟从小就以学徒身份被送到他人店铺里学习。其工作内容繁杂琐碎，并有着诸多规定，如"清晨起来，即扫地抹桌，添砚水，润笔头，捧水与人洗脸，取盏冲茶，俱系初学之事。"（王秉元：《生意世事初阶》）不仅如此，在行为上还要时刻小心谨慎。由于店主和其他人都比自己辈分高，在行业里可算作是自己的老师，所以在店铺里自己只能站着，不能坐着；甚至在接受其教诲时还要忍受其打骂，"教你成人，骂也受着，打也受着"（王秉元：《生意世事初阶》），这种经历对于个人的成长颇为有益。在日积月累的磨炼中，不仅会促进规矩意识的形成，懂得挣钱不易的道理，树立起正确的金钱观，而且还能在实地接触、观察中，不断领会商贸经营的道理和规则，从而积累相关经验，为以后的经商活动打下扎实的基础。

虽然上述规定中的某些具体要求已不适用于今天，需要扬弃，但是作为一种基本的学习态度和实践模式却得到了人们的广泛认可和良好继承。在实践中学习，在小事上磨炼，已经成为人们的共识。

（四）激昂自进

"学必激昂自进。"（程颢、程颐：《二程集·河南程氏粹言》卷一）勤学不仅是一种学习态度，更是培养人们在面对天地万物时的主动姿态。即在人与外物的关系中，不因外物压迫而被轻易裹挟，从而保有自身的能动性、独立性以及进取性。

外物压迫的最常见方式就是人生逆境，它以不同的样态存在于个体的人生历程中。对于逆境，孟子如是理解："天将降大任于是人也，必先苦其心志，劳其筋骨，饿其体肤，空乏其身，行弗乱其所为，所以动心忍性，曾益其所不能。"（《孟子·告子下》）逆境虽不利，却是个体即将担当大任的先兆；逆境为这些人的成长成才提供了难得机遇。这样，在孟子的解答中，逆境就由令人失望甚至绝望的不利境遇转化为充满无限希望的有利舞台，其在安抚人心的同时亦给人以强大激励，使个体身处逆境不仅不会气馁萎靡，反而会更加激昂向上，奋发有为。作为这种积极姿态的直接表现，发奋读书、积极践履就成为人们对抗逆境、利用逆境以实现自己人生理想的有力武器。我国历史上一些人们非常熟悉的政治家、思想家，在生活极为困顿的条件下，也没有向困难屈服，而是想尽办法刻苦向学。在他们身上所发生的动人事迹和勤学精神，都成为家长教导儿童勤学的绝佳素材。他们的事迹表明，如果不放弃学习，逆境不仅可以成为个体强大意志的锻造期，亦可以成为知识与才干的厚积期。因此，从古至今，家长们都强烈希望子弟无论在何种境遇下都能热爱读书，勤勉学习。

小结：家训要言

1.读之而熟，思之而得，讲之而明，未已也。又须参互考订，以求共至是而无非然后已焉。盖古人之书，前后每多参错；师友之论，彼此不无异同。故必聚众说而考究之，斟酌其是非得失之数，以归于画一。不特确见其然，而守之不易，抑且由博返约，可因是以观其会通矣。（清·涂天相：《静用堂家训》）

2.古人读书贵精不贵多，非不事多也。积少以至多，则虽多而不杂，可无遗忘之患。此其道如长日之加益，而人颇不觉也。是故由少而多，而精在其中矣。一言以蔽之，曰无间断。间断之害，甚于不学。（清·汪惟宪：《寒灯絮语》）

3.圣贤盛德，学焉则至。夫学可以为圣贤，侔天地，而不学不免于禽兽同归，乌可不择所之乎？（清·王士俊：《闲家编》）

4.圣贤之学，以日新为要。三年前闻其人之谈如是，三年后闻其人之谈仍如是，其人可知矣。越五年、十年而其学仍如故者，知其本口耳剽窃，原无心得，斯亦不足议也已。（清·焦循：《里堂家训》）

5.读书最忌旷玩，日日用功，不使少有间断。（清·但明伦：《诒谋随笔》）

6.读书不破名利关，不足言大志。读书非为科名计也，读书非为文章计也，此展卷时便当晓得者。（清·潘德舆：《示儿长语》）

7."贪"之一字，凡事皆忌，若读书，则惟恐不贪。贪多务得，学业

乃进。人能以贪利欲之心易而贪书，未有不学成名立者。（清·王汝梅：《游思泛言》）

8.为学之道，须要有专心，有恒心，有勇心，有纯一不已之心，方能成就一大器。何为专心？如读《论语》，细加融会，不知《论语》外又有书，读他经亦然，方能读一经，得一经之益。何为恒心？为学之要，如织机然，积缕成丝，积丝成寸，积寸成尺，积尺以成丈匹。此贤母训子之语，实千古为学之定则。若半途而废，如绢止半匹，不能成功。何为勇心？舜人也，我亦人也，古之人功德被天下，遗泽及后世，只此一点自强不息之心，便做到圣贤地步。故为学须以古人为法，则所谓"学如不及，犹恐失之"者也。何为纯一不息之心？人之为学，须如川之流不舍昼夜，如天之健运行不息，如日月之代明不分晦朔。人生自少壮以至于老，无一非学之境，无一非学之时。（清·王师晋：《资敬堂家训》）

9.读书当自首至尾，次第读去，彻始彻终，使全书了然于心，庶为有益。若一部之中，随意抽取一本，一本之中，又随意翻阅数叶，但记一二故实，而于作者之精神脉络，茫乎未有所会。虽终日读书，仍与未读无异。（清·郭昆焘：《云卧山庄家训》）

10.读书均要晓得一部，方算一部。如遇书理稍深、不能一看即解者，每易生倦。如有倦心，即可离坐，或吃茶，或伸腰舒臂，徘徊数四，或仰观天宇之寥廓，或四顾花草之青葱，或于鸟声有会，或受和风披拂，则倦气即除，爽气自生。重入座时，将未解之书静心求解，照此三四次，则无不解矣。（清·李受彤：《李州侯家训》）

谨慎自持

"谨慎"一词，早在先秦时期的文献中就多次出现，如"父戒之曰：'谨慎从尔舅之言。'母戒之曰：'谨慎从尔姑之言。'诸母般申之曰：'谨慎从尔父母之言。'"（《春秋穀梁传·桓公三年》）"谨慎，利也。"（《荀子·臣道》）不过，当时在表达此意时更多时候是用"慎"字，如"慎尔出话。"（《诗经·大雅·抑》）"敏于事而慎于言。"（《论语·学而》）"君子以慎言语，节饮食。"（《周易·颐·象》）中国人非常强调在为人处事上的谨慎态度，"立身终始，慎之为大"（杜正伦：《百行章·慎行章第二十一》）。因此，在历代家训中，家长都对此做了重点训诫，希望子女能从小养成谨慎的好习惯。

一、谨慎的具体要求

谨慎，主要体现在言、行两个方面，要求人们"谨于言而慎于行"（《礼记·缁衣》）。

（一）谨言

古人认为轻言妄语，"不独损威，亦难迓福"（陈继儒：《安得长者言》），故要求人们在开口之前务必认真考虑，"择可言而后言"（《管子·形势解》）。

具体说来，谨言包括三方面要求：

1.言不轻发。

首先是少说。"言语简寡，在我，可以少悔；在人，可以少怨。"（袁采：《袁氏世范·处己》）故家长教导子弟"处世戒多言"（朱柏庐：《朱柏庐先生治家格言》）。

当然，少说并不等于不说，而是不轻易出口那些没有把握和没有价值的话，尤其是道听途说的消息。因其"不过传述道路之言，未尝造谎""多虚少实"（陈确：《陈确集·别集·不乱说》）。在不断延展的传播链条上，这些消息的真实性和可靠性很难保证，"数传而白为黑，黑为白"（《吕氏春秋·慎行论·察传》），而且还可能对他人造成伤害，对社会造成损失。古人认为传播小道消息是浮躁浅露的表现，对成德不利，故对其深恶痛绝。"道听而涂说，德之弃也。"（《论语·阳货》）叶梦得教育儿子言语谨慎，对别人的话"每致其思，而无轻信""每谨其诚，而无轻传"（《石林家训》）。既不可轻信，亦不可胡乱传播。与之相关，强调"君子之言，信而有征"（《左传·昭公八年》）。说出口的话必须有根据，这样亦可避免结怨招祸。

其次是慢说。慢说，指言语要缓慢。因为快言快语的背后很可能存在思虑不周的弊病。孔子就主张"君子欲讷于言而敏于行"（《论语·里仁》）。他的学生司马牛[1]问什么是仁？他的回答是"仁者，其言也切"（《论语·颜渊》）。讷、切，都是指出语迟缓。迟缓并不是让人故意吞吞吐吐，遮遮掩掩，而是强调谨慎。迟缓作为一种表象，是对想要立即发表意见的冲动的刻意约束，"其言若有所忍而不易发"（朱熹：《四书章句集注·论语集注》）。其目的是为自己预留一个思考判断的时间。"欲发一言，必先虑前顾后。"（石成金：《传家宝》初集卷五《知世事》）这一思考过程十分必要，它能帮助人们保持言语的合理性，孔子正是在此意义上说"切"是仁的表现；同时，还会规避可能存在的风险。故"不想就说"的冲动发言是被极力反对的。与此相关，古人提倡在情绪激荡时也应尽量避免言语。喜、怒都代表着情绪的波动，在此情态中，人的言行更易失去分寸，尤其是"得志之君子，有喜之人"（董仲舒：《春秋繁露·竹林第

---

[1] 司马牛，孔子的弟子，春秋时宋国人。不过，关于司马牛这个人，有两种观点：一种观点认为司马牛，一名耕，是孔子的弟子，曾经感叹过"人皆有兄弟，我独亡"；另一种观点认为司马牛，另一个名犁，是恒魋之弟。

三》），更应该注意这一点。因为在此情形中，大喜或大怒的强烈刺激会让人无暇思考或者思虑不周，以致言语失当，"喜时之言多失信，怒时之言多失体"（陈继儒：《安得长者言》）。

2.体现言语价值。

首先，言语要有质量。"夫人不言，言必有中。"（《论语·先进》）说出来的话要一语中的，抓住关键；而不是言不及义，语无伦次。"凡出一言必有所为，不得突如其来，不得茫无头绪，不得杂乱不清，不得有首无尾。"（李塨：《恕谷后集·富平赠言》）为此，就要暂且搁置尚存疑惑的部分，谨慎说出自信的部分，"多闻阙疑，慎言其余"（《论语·为政》）。

其次，言语要有分寸。"君子口无戏谑之言，言必有防。"（徐干：《中论·法象》）君子言语得体，不说轻佻或越界的话。如此一来，即使亲密如妻妾也"不可得而黩"，亲近如朋友也"不可得而狎"。古人赞扬这是持身端正的表现，认为这种行为能够带动和教化家族和乡里的良好风气。

再次，言语要有合适的时机。墨子的学生子禽曾经问他："多言有益乎?"墨子回答："虾蟆蛙蝇日夜而鸣，舌干擗，然而人不听之。今鹤鸡时夜而鸣，天下振动。多言何益? 唯其言之时也。"（《墨子·墨子后语》）池塘里的蛤蟆青蛙日夜鸣叫，口干舌燥，但是也无人在意。可是雄鸡则不同，只在黎明时分啼叫，人们听到以后就都起床了。这说明，并非多说话就好，只有契合时机的言语，才会得到重视、尊重和欢迎。否则多说还不如少说，"多言而不当，不如其寡也"（《管子·戒》）。

3.凸显美善原则。

"夫言行在于美善，不在于众多。出一美言善行，而天下从之或见一恶意丑事而万民违。"（桓谭：《新论·言体》）说出的话是否有价值，别人是否愿意听从，并不在于多说或少说，而在于其是否符合美善要求。如果符合，说得再少人们也愿意接纳；反之，说得再多，人们也不接受。语言的美善起码应有两个表现。

首先，言行相顾。即说到做到，为自己说的话负责。"口言之，身必行之"（《墨子·公孟》），是言语诚信的必然要求，也是言语美善的重要表现。"有其言，无其行，君子耻之。"（《礼记集解·杂记》）对于将要出口的言语，必须充分考虑其落实的可能性。即言语内容能否转化为行动；转化的程度如何，是部分转化、完全转化还是超额转化？由于言语与行动相比，"行易不足，言易有余"（戴震：《中庸补注》），故为避免因言行不符而造成失信，一是力戒"轻言"，如轻率许诺，不切实际地树立目标等。"古者言之不出，耻躬之不逮也。"（《论语·里仁》）晋代羊祜在教诫子女时，特别强调要三思而后行，"无口许人以财"。若因未兑现诺言而失去信用，不仅自己会被指责唾弃，遭到惩罚，而且还会连累先祖，让他们也蒙受耻辱。"若言行无信，身受大谤，自人刑论，岂复惜汝，耻及祖考。"（羊祜：《诫子书》）二是反对因虚荣而脱离实际地肆意吹嘘。"其言之不怍，则为之也难。"（《论语·宪问》）言语要实事求是。在说出口之前，要认真考虑自己能否做到，如果对此并不十分确定，则一定要慎言。三是说话时应该留有余地，"'不敢尽'，其谨可知"（戴震：《中庸补注》）。在此，戴震对"言行相顾"的含义作了进一步的阐析。"'言顾行'，有言必其有是行也。'行顾言'，恐不逮其言，是自弃也。"（戴震：《中庸补注》）如果只把那些能做到的事情拿出来说，那么就可以实现"言行一致"的目标；反之，如果是从事情完成的程度来比照之前说出的话，那么恐怕完成的程度是赶不上当时语言所许诺的程度的。所以，要实现言行相顾，就要实事求是，充分考虑到后续行动可能达到的程度；避免不切实际地设立目标，说大话。

　　其次，成人之美。不在背后论人是非，"不责人小过，不发人阴私，不念人旧恶"。这样不仅可以远害，"更能养德"（洪应明：《菜根谭》）。如何对待别人的过失、不足，甚至隐私，是衡量一个人道德品质的重要指标。积极方式为理解宽容，并在善意前提下提出建设性意见，以助其改正和提高。消极方式则是幸灾乐祸、讥讽评议、津津乐道、四处扩散。后一举动显然与儒家所倡导的"君子成人之美，不成人之恶"（《论语·颜渊》）的价值取向严重相悖，而且可能成为某些人打压排挤他人的舆论策略，在滋生和助长人际恶意的同时败俗伤化。因此，古人非常反对此种言语方式。东汉开国功臣马援（前14—49）听说两个侄子有"喜讥议，而通轻侠客"的行为，于是特意写下《诫兄子严敦书》，叮嘱他们一定不要议人长短。他说："吾欲汝曹闻人过失，如闻父母之名，耳可得闻，口不可得言也。好论议人长短，妄是非正法，此吾所大恶也，宁死不愿闻子孙有此行也。"（范晔：《后汉书·马援列传》）我希望你们听到别人的过失时，就好像听到自己父母名字一样，耳朵听到了，嘴巴不要说出来。喜欢议论别人长短，妄加讽评朝政，这是我最厌恶的事，我宁死也不希望听到子孙有这样的行为。马援这一观点影响了很多人。如晋朝羊祜极力反对背后论人长短，他要求子侄"无传不经之谈，无听毁誉之语。闻人之过，耳可得受，口不得宣"（欧阳询：《艺文类聚》卷二十三）。梁元帝萧绎（508—555）训诫皇子时引用了马援的教子语，并说："崔子玉座右铭曰：'无道人之短，无说己之长，施人慎勿念，受恩慎勿忘。'"（《金楼子·戒子篇》）让诸皇子"习诵"，以此为戒。朱熹长子朱塾赴江西向吕祖谦求学，

朱熹在给长子的书信中就强调："不可言人过恶，及说人家长短是非。有来告者，亦勿酬答。于先生之前，尤不可说同学之短。"（《朱子训子帖》）古人主张，即使在背后评议某人，那么这些言语"亦须当面可言"（石成金：《传家宝》初集卷五《知世事》），希望能以此保证言语符合实际，而无主观歪曲。

（二）慎行

慎行，指行为谨慎检点，不冒进，不蛮干，不妄动。古人认为"轻动者多失"（石成金：《传家宝》三集卷二《群珠》），故主张"君子慎动"（周敦颐：《周敦颐集·通书·慎动》）。慎动，具体表现于"事不轻举"和"行必有检"。需要注意的是，古人在讲慎行时，往往与谨言联系在一起，认为二者具有内在相通性。因此，上述适用于谨言的基本原则，也同样适用于慎行。

如强调思考的重要性，"行不可不孰"（《吕氏春秋·慎行论》）。一方面，主张在遇到事情时先不要急着去做，而是要给自己一个思考的过程，"事到手，且莫急，便要缓缓想"（吕坤：《呻吟语·应务》）。然后，再"择可行而后行"（《管子·形势解》）。对于那些不应该做的就一定不要去做，"非所宜为勿为，以避其危"（《邓析子·转辞》），否则就可能带来灾祸，后悔不及。"如赴深谿，虽悔无及。"（《吕氏春秋·慎行论》）另一方面，一旦思考成熟，就要立刻行动，不得拖延。"想得时，切莫缓，便要急急行。"（吕坤：《呻吟语·应务》）如要求人们不断增长见识。对于有疑惑的部分可以暂时保留下来，对于有把握的部分，则要慎重实践。这样就可以减少后悔。"多见阙殆，慎行其余，则寡悔。"（《论语·为政》）再如，强调对待事情只有持慎重敬畏的态度，才会获得成功，"临事而惧，好谋而成"（《论语·述而》）等等。

慎行的关键在于审时度势，对形势具有清醒、准确的分析与判断，如此才可得福平安。历史上这方面的事例也很多。唐太宗李世民在完成大业后大封功臣，他想把长孙皇后的兄长长孙无忌封为宰相，但是长孙皇后却极力阻止，她说自己已经位至皇后极尽荣耀，就不要再封赏长孙家了。但是李世民没有采纳她的意见，还是封长孙无忌为相。于是长孙皇后就找来兄长，阐述其中利害，希望他能远避裙带关系，不因贪图眼前富贵而招致祸殃。长孙无忌听从了她的意见，坚决辞去了宰相的职位。再如，春秋末年，范蠡（前536—前448）辅佐越王勾践发愤图强，使得国势日益强盛，最后一洗当年越国被吴国灭亡的耻辱。然后他又辅助勾践北征，称霸中原。不过，范蠡功劳越大，越觉得自己危险。功高震主、兔死狗烹的事例并不少见。在一番思考后他决定急流勇退，带上家人和金银细软悄然离去。后来通过经商成为天下巨富。相反地，与他同时辅佐越王的文种（？—前472）因未及时功成身退，最终被勾践赐死。

二、谨言慎行的根据与意义

在传统家训中，谨慎是训诫儿童和成年子女的重要内容，要求他们在言行上省察克制，防范放逸纵肆。这种重视是出于多方面的考虑。

（一）与言行的特性有关

无论言语还是行动，一旦发生就无法撤回，由此造成的影响也很难完全消除。"夫一出而不可反者，言也；一见而不可得揜者，行也。"（贾谊：《新书·大政上》）"一声而非，驷马勿追；一言而急，驷马不及。故恶言不出口，苟语不留耳。"（《邓析子·转辞》）"白圭之玷，尚可磨也；斯言之玷，不可为（治）也。"（《诗经·大雅·抑》）讲的都是这种情形。

不仅如此，言行的影响力可以辐射很远。孔子说："君子居其室，出其言善，则千里之外应之，况其迩者乎；居其室，出其言不善，则千里之外违之，况其迩者乎。言出乎身，加乎民；行发乎迩，见乎远。言行，君子之枢机。枢机之发，荣辱之主也。言行，君子之所以动天地也，可不慎乎？"（《周易·系辞上》）一个人即使待在自己家里，但是你说出的话是好的，那么千里之外的人也会接受响应；反之，你说的话不好，那么千里之外的人也会反对背弃。那么远的人尚且如此，更别提就在近处的人们了。因此，务必加强自我言行管理。不要轻易说出恶言恶语，"故恶言不出口，苟语不留耳"（《邓析子·转辞》）。

（二）提升道德修养的方式

谨言慎行体现了一个人的道德修养。王安石说："君子之所不至者三：不失色于人，不失口于人，不失足于人。不失色者，容貌精也；不失口者，语默精也；不失足者，行止精也。"（《王文公文集》卷二十九《杂著·礼乐论》）同时，谨言慎行还有利于道德修养的培育。"行谨，则能坚其志；言谨，则能崇其德。"（胡宏：《胡宏集·知言·文王》）言为心声，言语是一个人思想的外在表达方式。如果一个人总是妄言妄语，那么起码说明其内心浮躁不诚，故圣贤反复强调谨言。谨言并不是要人们刻意隐藏内心的阴暗，而是对内心浮躁不诚的一种主动约束和节制，这种行为本身就是在培育道德。同时，谨言也不是让人们花言巧语地去取悦别人，而是学会不口出恶语伤人。"故圣人每每于此致意焉：告颜子以非礼勿言；告司马牛以仁者其言也讱。张横渠亦云：'戏言生于思也。'故君子终日乾乾，虽无往非诚，而此尤为紧关。才妄言时心已不诚，才有谨言之心即是诚也，即是践履实地。故曰'居业'。不然，圣人何故如此谆谆欲人谨言？又不是要谨得言语来令好看好听也。"（湛若水：《湛甘泉先生文集》卷八《新泉问辨录》）

（三）建立信誉的需要

谨慎的反面是轻率。"易言易行"必然会有损个人信誉，降低其社会评价，从而影响到个人安身处世的状态与机会。

中国古代社会是熟人社会，人们的生存生活环境是一个相对封闭的小圈子，在彼此关系的维系中，个人的信誉发挥了重要作用。如果没有经过慎重考虑而随意言行，那么有些言语就会流于虚妄，有些行动就会无法落实。久之，就会导致他人的质疑，从而失去信任与支持。"人而无信，不知其可也。"（《论语·为政》）一个人如果没有信誉，还能做成什么事情呢？相反，"言不妄发，则言出而人信之"（薛瑄：《薛瑄全集·读书录》卷八）。只有谨慎言语，才会得到别人的重视。所以，谨言慎行既表现了对自身信誉的珍视，也反映了对他人认真负责的态度。

（四）避免祸殃的策略

言行不当，就会招致祸殃。"言有召祸也，行有招辱也，君子慎其所立呼！"（《荀子·劝学》）故古代家训中一再强调，"慎是护身之符"（佚名：《太公家教》），"言语不慎，最为祸胎""欲发一言，必先虑前顾后"（石成金：《传家宝》初集卷五《知世事》）。为避免"祸从口出"，就不要乱说一句话。如果"言无妄言，身无妄动"（薛瑄：《薛瑄全集·读书录》卷九），则会有效减少祸殃发生的可能性。

东汉时期著名谋士许攸（？—204）就因言行不慎而丢掉了性命。他本来在袁绍那里任职，后因家人犯法被收捕而背袁投曹。曹操很高兴地接纳了他。据说，许攸来时曹操刚好在军营中准备洗漱休息，听说许攸前来投奔很高兴，连袜子都顾不上穿，光着脚就去外面迎接他，还因此留下一个典故——"跣足相迎"。许攸给曹操献计偷袭乌巢，帮助曹操在官渡之战中取得了决定性胜利。不过，许攸却自恃功劳言行高调。有次聚会，他喊着曹操的小名，很得意地说："阿瞒，你如果没有我，哪里能得到袁绍的冀州。"虽然当时曹操表面上笑着回应，但是对其自得的样子极为不满。后来，许攸出邺城（河北临漳县西南邺镇、三台村迤东一带）东门时，又满面自得地对周围人说："如果没有我，这家人也进不得此门。"之后，有人向曹操告发了此事，最终许攸被杀。

春秋时期的齐襄公也因随意许诺而招致祸殃。春秋时期周庄王九年，齐国联合宋、鲁、陈、蔡四个诸侯国攻打卫国，卫国被攻下以后，齐襄公担心周王派兵讨伐，于是任命大夫连称为将军、管至父为副将，率领军队驻扎在葵丘这个地方。大夫连称和管至父临行之前进见齐襄公，说："戍守边疆虽然劳苦，但是作为臣子不敢推辞。不过希望能有一个驻扎期限。"当时齐襄公正吃着瓜，就随口说："那就等到明年瓜成熟时，派遣别人去替换你们。"一年时间过去了，齐襄公却忘了许诺，于是这两个人给齐襄公献上刚成熟的瓜提醒他。谁知道齐襄公根本就没想召回他们。这两人很是恼怒，于是悄悄联合公孙无知起兵造反，推举了新国君。这就是《东周列国志》中记载的"瓜熟之约"。

（五）处世智慧的体现

谨言慎行还代表了处世智慧。西汉初年著名政治家贾谊（前200—168）认为，能否谨言慎行乃是一个人智愚的外在表现。他说："夫言与行者，知愚之表也，贤不肖之别也。是以智者慎言慎行，以为身福；愚者易言易行，以为身灾。"（《新书·大政上》）如前文提到的许攸，罗贯中评价他道："堪笑南阳一许攸，欲凭胸次傲王侯。不思曹操如熊虎，犹道吾才得冀州。"许攸不考虑处境与对象的复杂性，错误判断自己与对象之间的关系，沉醉于自得之中，终因言行不慎而致祸患，正是贾谊所说之"愚者"，是缺乏处世智慧的表现。东汉时期另一人物杨修[1]也可谓这方面的典型。如果说许攸是因为功劳而自得，那么杨修就是因小聪明而自傲。曹操担心有人暗害自己，所以就故弄玄虚地对身边的侍卫说："我梦里好杀人，睡着时你们千万不要靠近。"有天晚上曹操睡觉，被子掉了，侍卫赶忙上前拾起给他盖上。可就在此时，曹操一跃而起拔剑杀了他，然后又躺下睡着了。到半夜起来时，假装吃惊地问："是谁杀了侍卫？"别人把事情经过告诉了他，他痛哭一场，让人厚葬了近侍。这事传出以后，大家都说曹操确实会在梦里杀人。但是杨修却不以为然，在侍卫下葬时叹息："不是丞相在梦里，是你在梦里啊。"曹操听说后非常憎恶他，后来就借着其他事情杀了杨修。[2]

有鉴于此，古人认为如果一个人多言多动，言行鲁莽轻率，即使才华横溢，也不值得深交，更不可与之共谋大事。"多言未可与远谋，多动（未经深思熟虑的盲动）不可与久处。"（王通：《中说·魏相》）这样的人，虽可能在某一事件或者某一时段中带来帮助，但是却会因其不够谨慎而埋下祸根，招致更大的甚至致命的祸患。因此，家长希望子女在言行方面"宁默毋躁，守拙毋巧"（洪应明：《菜根谭》），宁可沉默寡言，也不要随意言语；宁可显得行动笨拙，也不要自得骄傲。

---

[1] 杨修（175—219），字德祖，司隶部弘农郡华阴（今陕西省华阴市）人，太尉杨彪之子，东汉文学家。
[2] 节选自《三国演义》（罗贯中著）第七十二回"诸葛亮智取汉中 曹阿瞒兵退斜谷"。

（六）职业操守的要求

任何行业的从业人员，都应具备岗位保密意识，对于职业或岗位中的相关事务，不在私人场合或者更大范围内随意泄露和传播。

西汉大臣孔光（前65—5）可谓这方面的典范。"（光）沐日归休，兄弟妻子燕语，终不及朝省政事。或问光：'温室省中树皆何木也？'光嘿不应，更答以它语。"（《汉书·孔光传》）"温室"是西汉的一个宫殿，因其冬天非常温暖而得名。孔光对家人不仅绝口不提朝政之事，而且对于宫中种植了什么树这类事情也丝毫不透露；他的严谨作风得到了后人的高度赞誉，"不言温室树"也成为严守职业秘密的代称。

此外，对于那些身居要职或者高位的人而言，更应比普通从业者具有更严格的谨慎态度，"凡权重者必谨于事，令行者必谨于言"（贾谊：《新书·道术》），自觉规范自身言行，不妄议行业内部事务。魏晋南北朝时期，北周武帝末年，武官上柱国（官名）乌丸轨曾经私下和大将军贺若弼谈论朝中机密，议论皇太子宇文赟的不是。后来乌丸轨向武帝报告了皇太子的不是。武帝询问贺若弼的看法，贺若弼说："太子忠诚仁厚，我没看出他有什么不好的地方。"武帝听后没有说什么。后来，乌丸轨指责贺若弼没有说真话。贺若弼回答道："君不密则失臣，臣不密则失身。我父亲（贺若敦）就是因为私下里非议朝政才被赐死；他临死前用锥子刺在我的舌头上，要我记住这个教训。"[1]果然，宇文赟继位后没多久，就以莫须有的罪名杀掉了乌丸轨。

（七）事业成功的保障

《易传》把能否"谨言行"作为事情成败的重要因素。古人认为，要

---

[1] 贺若弼，字辅伯，河南洛阳人也。父敦，以武烈知名，仕周为金州总管，宇文护忌而害之。临刑，呼弼谓之曰："吾必欲平江南，然此心不果，汝当成吾志。且吾以舌死，汝不可不思。"因引锥刺弼舌出血，诫以慎口。弼少慷慨，有大志，骁勇便弓马，解属文，博涉书记，有重名于当世。周齐王宪闻而敬之，引为记室。未几，封当亭县公，迁小内史。周武帝时，上柱国乌丸轨言于帝曰："太子非帝王器，臣亦尝与贺若弼论之。"帝呼弼问之，弼知太子不可动摇，恐祸及己，诡对曰："皇太子德业日新，未睹其阙。"帝默然。弼既退，轨让其背己，弼曰："君不密则失臣，臣不密则失身，所以不敢轻议也。"及宣帝嗣位，轨竟见诛，弼乃获免。（魏徵：《隋书·贺若弼传》）

想获得事业发展，就不能狂妄自大，必须谦虚谨慎，小心翼翼。"圣贤成大事业者，从战战兢兢小心来。"（薛瑄：《薛瑄全集·薛文清公从政名言》卷三）"真正英雄，都从战战兢兢、临深履薄做出来，血气粗卤，一毫用不得。"（石成金：《传家宝》三集卷二《绅瑜》）"思立掀天揭地的事功，须向薄冰上履过。"（洪应明：《菜根谭》）而且还认为成功大小与谨慎程度成正比关系，"其所谨者小，则其所立亦小；其所谨者大，则其所立亦大"（《管子·形势解》）。"世间事各有恰好处，慎一分者得一分，忽一分者失一分，全慎全得，全忽全失。小事多忽，忽小则失大；易事多忽，忽易则失难。"（吕坤：《呻吟语·应务》）一分谨慎一分收获，越谨慎越能得到更大的收获。孔子说："乱之所生也，则言语以为阶。君不密则失臣，臣不密则失身，几事不密则害成。是以君子慎密而不出也。"（《周易·系辞上》）武则天也在《臣轨·慎密章》中说："谋虑机权，不可以不密。忧患生于所忽，祸害兴于细微。人臣不慎密者，多有终身之悔，故言易泄者召祸之媒也，事不慎者取败之道也。"对于机密大事不能做到严格保密，就会影响其成功。因此，为"避其患""避其危"，就要做到不该说的不说，不该做的不做，"非所言勿言""非所为勿为"。

三、谨言慎行的践履

为了更好地执行谨言慎行的要求，还需要注意如下几个方面。

（一）保持谦虚礼让

谨言慎行，不应只是自我约束和节制的结果，更应是内心谦虚礼让的外在表现。谦和谨具有密切的关系，故二者时常联用，称为"谦谨"。

首先，戒除骄傲，不自以为是。在荀子看来，傲慢与谦谨会带来完全不同的后果。"悁泄者，人之殃也。恭俭者，偋五兵也。虽有戈矛之刺，不如恭俭之利也。故与人善言，暖于布帛；伤人之言，深于矛戟。故薄薄之地，不得履之。非地不安也。危足无所履者，凡在言也。"（《荀子·荣辱》）骄傲轻慢让人遭殃；恭敬谦虚则让人得利。如果对人说好话，就会使其倍觉温暖；如果恶语相向，就会对其造成严重的伤害。同时，这种伤害又会使自己面临危险。因此，为人处世务必戒骄。"与人交游，无问高下，须常和易，不可妄自尊大，修饰边幅。"（袁采：《袁氏世范·处己》）

戒骄，就要谦。"谦者骄之反也""谦则不骄"。如果人能谦，不自以为是，就能言行谨慎。曾国藩在教诫子弟时，特意把"不自是"列入为人处事的三个根本（不贪财、不失信、不自是）中。在其列出的八德四课[1]十二条目中，就包含了"谦"。在他写给家人的书信中，也反复强调了"谦谨"的重要性。"家门大盛，常存日慎一日而恐其不终不念，或可自保。否则，颠蹶之速，有非意计所能及者。"（曾国藩：《曾国藩家书·致澄弟沅弟季弟》）要求子弟一定不要骄狂，处事不要张扬傲慢。"尔在外以谦谨二字为主，世家子弟，门第过盛，万目所属。"（曾国藩：《曾国藩全集·家书·谕纪泽》同治三年七月初九日）

其次，小心存敬，避免轻率。轻率可带来严重的后果。"言轻则招忧，行轻则招辜。"（扬雄：《法官·修身》）"轻言者多悔，轻动者多失，轻诺者寡信，轻毁者寡交，轻合者易离，轻喜者易怒，轻取者必争，轻听者必

---

[1] 八德是指勤、俭、刚、明、忠、恕、谦、浑，四课是指慎独、主敬、求仁、习劳。

疑"，因此，"君子贵乎持重"（石成金：《传家宝》三集卷二《群珠》）。要避免因轻率而招致的恶果，就必须心存敬畏，恭敬小心地对待当下的一切。尤其是荣华当势，人生得意时，更要"谨约其心，虑过思愆，勿令纵逸"（杜正伦：《百行章·谨行章第十二》），晋代羊祜就是这样的人。他为官忠正无私，简约自重，在军中"常轻裘授带，身不披甲"，侍卫也不过十多人。晋武帝泰始初年，羊祜被封为尚书右仆射，当时前朝元老很多，"祜每让，不处其右"，甘居下位。在《诫子书》中，羊祜就用自身的处世经验训诫子侄明白"恭为德首，慎为行基""言则忠信，行则笃敬"的道理，希望他们言行举止能谦敬恭谨。

《孔子家语·观周第十一》上记载的一件事，对这一观点进行了非常深刻阐明。孔子去东周观光，进到周太祖后稷的祠庙内。在庙堂右边台阶的前面，有一个铜铸人像，在人像的嘴部，封了好几层，铜像的背后刻着铭文："这是古代说话非常谨慎的人，大家都要警戒啊！不要多言多语，多言多语往往多败；不要多事，多事往往多患。安乐时一定要警戒，不要做后悔的事。不要以为言语多没有什么害处，其造成的害处会持续很久；不要以为言语多没有什么害处，那造成的害处将会很大；不要以为别人听不到，神会监视你。刚刚燃起的小火苗如果不扑灭，那么以后变成熊熊大火怎么办？细小的河流如果不堵住，最终就会汇集成大江大河；长长的线如果不弄断，将来就可能结成网罗；细小的树枝如果不剪掉，将来就得用斧头砍了。如果能保持谨慎，那就是福的根源啊。人的口能造成什么伤害？口就是祸患的大门。强横的人不得好死，争强好胜的人一定会遇到对手。盗贼憎恨物主，民众怨恨长官。君子知道天下的事不可样样争强，所以宁愿居于下位；知道不可处于众人之先，所以宁愿在后。只有保持温恭慎德，才能获得仰慕；只有守住柔弱保持下位，才不会被别人超越。别人都奔向某一个地方，我自己不随大流，还是坚守这里。别人都摇摆不定，我自己坚定不移；把智慧包藏起来，不向别人炫耀。这样，我即使身处高位，人们也不会害我。谁能做到这一点呢？江海即使处于下游，却能容纳百川，正是因为它地势低下。上天不会亲近人，但是却能让人处于它的下面。要以此为戒啊。"孔子读完这篇铭文，回头对弟子说："你们要记住啊，这些话实在中肯，合情可信。《诗经》上说："战战兢兢，如临深渊，如履薄冰。"如果每个人立身处世时都能保持这样的态度，又怎么会因为言语而招惹灾祸呢？[1]显然地，这是在强调小心谨慎、戒惧持敬的为人处世的态度。

（二）谨慎与葸的本质区别

如果说谨慎代表了为人处事时低调、不张扬的内敛态度，那么这种内敛却并非可以无限延展，而是有其合理的刻度和分寸。

"慎者，美德也，而过用之，则流于葸。""谨者如盐梅之于五味，无所往而不宜者也。……至若畏首畏尾，则葸也，非谨也。"（朱之瑜：《朱舜水集》卷十七《杂著·谨》）谨慎虽然是美德，但就好像咸酸和调和五味的关系，要调和五味，就缺不了这两味；做什么事情，都可以持谨慎态度，但是如果谨慎过了头，变得畏首畏尾，这就不是谨慎，而是葸了。此处，出现了一个重要的名词：葸。葸的意思就是退缩，畏惧，胆小怕事。

那么，如何区分谨慎与葸呢？二者的根本区别点就是如何对待该为可为之事。谨慎，是指对于该为可为之事则为；葸，是指明知该为可为而不为。那么，又该如何衡量可为不可为呢？其标准是礼。即凡是符合礼之要求的事情，就是该为的事情；不符合礼之要求的事情，就是不该为的事情。所以，孔子说："慎而无礼则葸。"（《论语·泰伯》）王夫之也说："慎者，畏其身入于非道，以守死持之而不为祸福利害所乱。……懦者畏祸而避之，躬陷于大恶而不恤，何慎之有！"（《俟解》）因为害怕自身利

---

[1] 孔子观周，遂入太祖后稷之庙。庙堂右阶之前，有金人焉，三缄其口，而铭其背曰："古之慎言人也，戒之哉！无多言，多言多败；无多事，多事多患。安乐必戒，无所行悔。勿谓何伤，其祸将长；勿谓何害，其祸将大；勿谓不闻，神将伺人。焰焰不灭，炎炎若何？涓涓不壅，终为江河。绵绵不绝，或成网罗。毫末不札，将寻斧柯。诚能慎之，福之根也。口是何伤？祸之门也。强梁者不得其死，好胜者必遇其敌。盗憎主人，民怨其上。君子知天下之不可上也，故下之；知众人之不可先也，故后之。温恭慎德，使人慕之；执雌持下，人莫逾之。人皆趋彼，我独守此；人皆或之，我独不徙。内藏我智，不示人技。我虽尊高，人弗我害。谁能于此？江海虽左，长于百川，以其卑也。天道无亲，而能下人。戒之哉！"孔子既读斯文也，顾谓弟子曰："小人识之，此言实而中，情而信。《诗》曰：'战战兢兢，如临深渊，如履薄冰。'行身如此，岂以口过患哉？"

益受损而退缩，这是怯懦，根本就不是慎。朱之瑜则一针见血地指出："慎者，美德也，而过用之，则流于葸。"（《朱舜水集》卷十七《杂著·谨》）谨慎过了头，就转变成了畏缩。何晏[1]说："言慎而不以礼节之，则常畏惧也。"（《论语集解·泰伯注》）如果只是片面强调谨慎，却不以礼来要求和节制，那么谨慎就会过度；过度就会倾向胆小怕事，凡事都不敢出头，见义不勇为，见死不敢救，却还以谨慎为借口自我安慰。可见，谨慎是在守礼基础上的一种行事态度和原则。它所指向的是非礼勿言，非礼勿为，对于那些不符合礼之要求的言行，不要去做；反之，符合礼的言行，就要积极去做，哪怕因此而造成个人利益受损，也绝不退缩。

在实践中，明确谨慎与葸的根本区别，具有重要的行为指导意义。如果模糊、混淆了二者的界限，那么就会导致人们在实践中当说不说，当为不为，从轻率鲁莽走向胆小懦弱；并且还会把那种明哲保身、胆小怕事的保守态度合理化。如高攀龙在教诫子孙时就说："言语最要谨慎，交游最要审择。多说一句，不如少说一句；多识一人，不如少识一人。"（《高子家训》）为了加强这番言语的说服力，他还引用民谚说"人生丧家亡身，言语占了八分"。洪应明也讲过"十语九中未必称奇，一语不中则愆尤骈集；十谋九成未必归功，一谋不成则訾议丛兴"（《菜根谭》）。十句话中有九句话都说对了，也不一定会得到称赞，但是如果说错一句就会受到众多指责；十次出谋划策九次成功，也不一定得到奖赏，但是如果失败一次就会遭受各种埋怨。显然，这些教导虽能让人们养成谨慎的作风，但也容易导向消极的一面，这一点要认真辨析。古人所强调的谨慎，体现了一种既不鲁莽又不胆小的中正合宜的健全人格，显然地，这与儒家向来推崇的中庸之道具有内在一致性。

（三）谨慎是面向自身与他人的双向要求

需要注意的是，谨慎，不仅要求自身谨言慎行，而且要求面对他人的

---

[1] 何晏（？—249），字平叔，南阳郡宛县（今河南省南阳市）人。三国时期曹魏大臣，著名玄学家。

言行举止，也要谨慎对待、辩证分析。要做到这一点，关键就在于不要轻信人言，遇事要多责己。"轻听发言，安知非人之谮诉，当忍耐三思。因事相争，安知非我之不是，须平心暗想。"（朱柏庐：《朱柏庐先生治家格言》）

首先，不轻信外界言论。无论这些言论是好话还是坏话，在听到以后都不要立刻信以为真，全盘接受，而是要保持心平气和，忍耐沉默。如果是与己有关的好话，不用过分激动，洋洋自得，因为这可能是别人为了取悦自己而刻意为之；如果是与己有关的坏话，也不必纠结愤怒，情绪失控，甚至于激愤之下做出不合时宜的举动。当然，要做到这些不容易，既需要明智的头脑，又需要宽广的胸怀。

其次，认真思考对方言语以判断其动机——是出于善意地批评指正，还是故意地造谣诽谤。同时，对于这些言论中与自身的相关内容，还要进行深刻反省以查证自身的不足。这样一来，就可以对这些言论做出基本的判断，从而做出合适的反应：如果是出于善意的真诚建议，即使言语逆耳也应虚心接受，有则改之，无则加勉；如果只是流言蜚语，不实之词，那么就可充耳不闻，防止有人故意挑拨离间，人为制造误会和矛盾。

北宋名相富弼（1004—1083）就是一个既谨慎又大度的人。《宋史·富弼传》中记载："富弼，……少笃学，有大度。""富公为人，温良宽厚，泛与人语，若无所异同者。及其临大节，正色慷慨，莫之能屈。智识深远，过人远甚，而事无巨细，皆反复熟虑，必万全无失然后行之。"（司马光：《涑水记闻》）民间还流传着与他有关的一则故事。有一天下朝，富弼和一个同僚边走边聊天，可刚走出宫门时，侧边房里就传出一个声音："别看那家伙好像挺会说的，其实只凭口舌之利，根本就没法和范公（范仲淹）并列。"富弼和同僚两个人都听到了，但是富弼并不在意，还是继续自己刚才说的话。不过，同僚却有意识地侧耳倾听。果然，那个声音又一次响起了，这次说："那老小子，不只是和范公难以并列，和韩公（韩琦）、欧阳公（欧阳修）也无法相提并论。"此时，同僚忍不住了，对富弼说："那个人好像在说您。"富弼摇了摇头，说："不是说我。别乱猜。"于是两个人继续向外走，谁知那个声音又出现了："富弼论本事，哼哼，简直不值一提！"于是同僚拉住富弼说："这次我可听得很清楚了，这就是说你的。去查看一下，到底是谁。"富弼平静地说："你听错了，这说的不是我。"同僚说："刚才指名道姓，说的就是你的名字啊。"富弼摇着头，笑着说："这可能是另一个富弼。"等到第二天上朝，仁宗就任命富弼为枢密使，但是富弼极力推辞，说自己才疏学浅，难担大任。这时，仁宗哈哈大笑，说自己早想让富弼担任这个职位了，只是有人私下里说富弼心胸狭窄，所以自己就故意让一个太监说富弼的坏话，观察他的反应，测试他的度量。最终富弼接受仁宗的安排，成为一代名臣。[1]

通过上述分析可知，"古代思想家所讲的谨慎主要有谨言和慎行两类，强调言语的恰当，行为的正确，即言行的恰到好处与合乎情理的统一。而这一切都必须以深思熟虑为必要条件，因为理性是人的本质之一，人们可以通过理性认识自然规律，把握社会法则。在言行之前充分考虑言行的前因后果，就会减少失误和挫折。"[2]这些思想，即使今天也颇具意义，对于培养儿童或成人在为人处世上的谨慎成熟态度提供了宝贵借鉴。

小结：家训要言

1.立身终始，慎之为大。若居高位，即须慎言。朋友交游，便须慎怀。养身之道，便须慎食。就师疗疾，乃可慎医。非时不得畋猎，走马不过一里。（唐·杜正伦：《百行章》）

2.教子之法，常令自慎，勿得随宜，言不可失，行不可亏。（唐·佚名：《太公家教》）

3.千罪百恶，皆从傲生。傲则自高自是，不肯下人，至不肯下人，则无不集之祸。人须知己不是，与己之所不足，方可望其长进。不然，是一行尸走肉耳。（清·金敞：《宗范》）

---

[1] 安勇主编：《民间故事选刊·富弼大度》，民间故事选刊杂志社，2018年。
[2] 罗国杰主编：《中国传统道德》名言卷，中国人民大学出版社，1995年，第256页。

4.一言一行，必本于孝慈，必归于忠厚，必衷于礼法，必勉以俭勤。刚而不虐，和而不流，谦而不谄，简而不傲，勿为刻深之论，勿为激烈之行。约而论之，言忠信则有物，行笃敬则有恒，身之修，家之所由正也。（清·夏敬秀：《正家本论》）

5."言行，君子之枢机也"，枢动则户开，机动则矢发，小则招荣辱，大则动天地，可不慎乎！子曰："出其言善，则千里之外应之，况其迩者乎？出其言不善，则千里之外违之，况其迩者乎？"感应之速如此。（清·胡达源：《弟子箴言》）

6.所言之事，须真实有据，不得虚诳。亦不得亢傲訾人，及轻议人物长短。如市井鄙俚戏谑无益之谈，尤宜禁绝。（清·王士俊：《闲家编》）

7.人之处身涉世，须小心谨慎，初终不懈，始为得之。史称汾阳王郭子仪位极人臣，而朝不忌，功盖一世，而上不疑。其大端固无可议矣。至于穷奢极欲，以此自污，使君臣上下泯其猜嫌，何虑深计远也。又如见宾客必列姬妾，独见卢杞则去之。为杞貌陋心险，恐妇人一笑贾祸耳。呜呼！无微不入，乃至如此。而要本于小心谨慎，初终不懈之一念也。人谓汾阳功勋盖世，余谓其学识固深矣。（清·郝培元：《梅叟闲评》）

8.发一言，行一事，必须谨之又谨，慎之又慎，切不可任意苟且，将所欲言未言、欲行未行之端与平日所闻圣贤之道体量一番，合则言之行之，不合则止，时时如是，日日如是，至夜间将息时又将日间所言所行逐件细细思议一番，于所是者私心自慰曰："幸而可告无罪也，若不如是，得罪于名教也大矣。"于所非者痛自刻责曰："吾何以一昏至此也！终身之玷，悔不可追，不是迁徙，将不为人耶？"夫过而能改，是为君子之过，过而必文，是为小人之过。（清·但明伦：《诒谋随笔》）

9.多言必失，故须谨。谨非缄默之谓也，当言则言，疑则阙之，何失之有？妄行必跲，故须慎。慎非裹足之谓也，当行则行，殆则阙之，何跲之有？故君子不以躁妄轻浮而显悖乎谨言慎行之大诫，亦不以隐忍畏葸而矫托于谨言慎行之虚名。（清·但明伦：《诒谋随笔》）

10.凡有伤于忠厚、有涉于谤讪、有近于讥嘲戏谑者，皆不可言。吾见世以口舌招尤，至于破家丧命者，往往然矣。若闻人有小过，喜为称扬，逞己有小才，好自夸诩，其可羞可恶也孰甚！汝尚谨之。（清·张廷琛：《张氏家训》）

谦虚不矜

　　谦，不仅是中华民族的传统美德，也是保持美德的必要手段和途径，"谦，德之柄也"（《周易·系辞下》）。古人认为，谦德不仅会让人的品格散发出高贵的光芒，"谦，尊而光"（《周易·系辞下》），得到人们的尊重，而且还会助其获取更大的进步。在《周易》的六十四卦中，唯有谦卦下三爻都是吉，说明为人谦虚只有益处而无弊端。因此，在历代家训中，谦成为训诫子弟的重点内容，要求子弟从小就要"凡事谦恭，不得尚气凌人"（朱熹：《朱子训子帖》），"莫骄人""见一切人，无论贵贱贫富，惟当谦虚和悦"（石成金：《传家宝》初集卷五《知世事》）；懂得"人之大患，在乎自满，而以己为贤，故终其身学无所成"（杨简：《纪先训》）的道理。

一、谦之本义与要求

　　谦字最早出现于《周易》中的"谦卦"。"谦卦"的卦象为"艮下坤上"，意思是说山居地下，本来山高地低，但是山却把自己放在比地低的位置。这就生动喻义了谦德的内涵："以崇高之德而处卑之下"（程颐：《周易程氏传》卷二）。即使自身的综合素质或者某一方面，如才识、功德或职位超过他人，也应自觉保持虚心恭顺。

　　与骄傲自满不同，谦"是建立在正确对待、估价自己并尊重他人的基础上的，是基于善无止境、功无止境的认识而采取的一种正确态度"[1]。

---

[1]　张锡勤著：《中国传统道德举要》，黑龙江教育出版社，1996年，第212页。

这说明，谦还隐含着永不满足、不断进取的追求精神。"有而不居为谦，谦者不盈也。"（陆九渊：《陆九渊集·语录上》）那么，如何培养这一精神呢？

（一）不自以为是

"所谓愚不肖，只是自是；所谓贤人君子，只是不自是。"（陈确：《陈确集·别集》卷一《辰夏杂言·闻过》）"自是"与否，反映了一个人的智德素养。对于那些真正智慧与品德兼具的人，由于对自身和他人具有客观清晰地判断，所以并不会狂妄自大，自以为是。

1. 充分肯定他人优长。

"三人行，必有我师焉。"（《论语·述而》）这说明，他人身上必然存在着自己所不及的某一优势或长处。明代著名学者顾炎武（1613—1682）在所著《广师》一文中说："学究天人，确乎不拔，吾不如王寅旭；读书为己，深颐洞微，吾不如杨雪臣；独精《礼》三，卓然经师，吾不如张稷若；萧然物外，自得天机，吾不如傅青主；艰苦力学，无师而成，吾不如李中孚；险阻备尝，与时屈伸，吾不如路安卿；博闻强记，群书之府，吾不如吴志伊；文章尔雅，宅心和厚，吾不如朱锡鬯；好学不倦，笃于朋友，吾不如王山史；精心六书，信而好古，吾不如张力臣。"因此，家长们经常告诫子女，注意发现别人身上的优点并认真学习，倾听别人的见解并深入思考，这样才能不断增加自己的优点，扩充自己的才学。"人必有一善，集百人之善，可以为贤人；人必有一见，集百人之见，可以决大计。"（吕坤：《呻吟语·修身》）

2. 全面认识自身不足。

屈原在《卜居》中说："夫尺有所短，寸有所长，物有所不足。智有所不明，数有所不逮，神有所不通。"这说明，任何事物都有其不足之处。

首先，自身所谓的优势具有相对性。庄子所说的"吾生也有涯，而知也无涯"（《庄子·内篇·养生主》），可谓对这一相对性的全面概括。比如，在某一特定的关系框架中，自身优势明显，但如果换置到另一种关系框架中，则他人的优势就可能凸显出来。再如，在某个具体时段，自身优势突出，但如果换置到另一个时段，别人可能就超越了自己。故古人告诫"昔日之得，不足以为矜，后日之成，不容以自限"（顾炎武：《日知录·自序》）。正是由于这种相对性，因而对于任何时间、地点所获得的个人成功，都不应骄傲自满。不仅如此，如果突破自身的狭隘视野，立足于宏大的时空中，就会对人己关系具有更为清醒的认知，就会懂得"人外有人，天外有天"的道理，就不会因过分聚焦自身的某一专长而沾沾自喜。《庄子·外篇·秋水》中的一段话生动地说明了这一点，"秋水时至，百川灌河，泾流之大，两涘渚崖之间不辩牛马。于是焉河伯欣然自喜，以天下之美为尽在己。顺流而东行，至于北海，东面而视，不见水端"。秋天时，洪水不断上涨，千百条江流都汇入黄河，河面宽阔汹涌。面对此景，河神欢欣鼓舞，以为天下的美景全都归集在自己这里了。他顺着水流向东而去，直到北海，面朝东边一望，却根本就看不到大海的尽头。河神因此叹息："野语有之曰，'闻道百，以为莫己若'者，我之谓也。"

其次，自身始终存在持续向好的进步空间。即使已经在学业、德业或事业等方面取得了一定成绩，但是也仍然具有再完善的余地。也就是说，从发展的角度来看，任何成功都未达到极致。因此，不要强过别人一点就洋洋自得，刻意卖弄。傅山为孙子写的《十六字格言》中就强调："藏。一切小慧，不可卖弄。"当然，更不能自以为是，虚假逞强，"强不能为能、不知为知，此病中者最多"。老子在《道德经》第七十一章中对此进行了深入阐释："知不知，上。不知知，病。是以圣人不病。以其病病，是以不病。"能够知道自己还有所不知，这是优点；如果明明是不知道却自以为知道，这就是毛病和缺点了。圣人并没有这个缺点，却担心自己有。正因如此，他才不会有这个缺点。

3. 卑己而尊人。

正是由于对人己双方的全面认识与客观评估，所以在人己关系上的合适态度应为"卑己"与"尊人"。这样的关系设定并非要妄自菲薄，自暴自弃，反而是体现了一种积极向上、努力强大自己的进取姿态。古人说："以谦接物者强。"（陈录：《善诱文·省心杂言》）能以谦逊态度为人处事的人是强者。

卑己，是指把自己放在较低的位置，即放低姿态，这是获得成就的前提和基础。"江海所以能为百谷王，以其善下之。"（《老子》第六十六章）江海能汇纳百川，正是因为其善于处在卑下的位置，所以，"谦谦君子，卑以自牧"（《周易·谦·象》），"虚其心，受天下之善"（吕坤：《呻吟语·修身》）。通过放低姿态，虚心向他人学习，从而不断完善自我。

尊人，就是尊敬别人，把别人放在较高的位置，这也是人际关系中的一般要求。这种谦恭态度，不仅不会让别人看轻自己，反而会获益良多。范仲淹说："卑以自牧之人，实受其福；贵而能降之者，不失其宜。"（范仲淹：《范文正公别集》卷三《天道益谦赋》）即使身处高位，也可以纡尊降贵。事实上，人们高度赞扬和提倡那些自身优越但表现谦卑的态度，"不耻下问"（《论语·公冶长》）受到普遍的提倡，认为知不足者好问，"守之以谦，必受之以益"（范仲淹：《范文正公别集》卷三《天道益谦赋》）。

（二）不自我满足

方孝孺说："人之不幸，莫过于自足。"（《逊志斋集》卷一《杂诫第三十五章》）许名奎说："月盈则亏，器满则覆。"（《劝忍百箴·满之忍》）自我满足乃是人生最大的不幸，因为它会让人遭遇失败。为何如此呢？

1.止步不前。

自我满足，代表着对已取得成绩的极度满意，因而失掉继续前进的动力和目标，"自以为有余，必无孜孜求进之心，以一善自满，而他善无可入之隙，终亦必亡而已矣"（杨爵：《明儒学案》卷九《漫录》），最终的结果必然是止步于此，不再取得新的进步与更大的成功。"自喜者不进，自大者去道远。"（程颢、程颐：《二程集·河南程氏遗书》卷二十五）这种心理就好似一个小小的盛水器，因容积狭小而只能盛下很少的水。"瓮盎易盈，以其狭而拒也。"（方孝孺：《逊志斋集》卷一《杂诫第三十五章》）如想盛下更多的水，就要有如"江河之深"的大容器，如此才可以"虚而受"（方孝孺：《逊志斋集》卷一《杂诫第三十五章》），这个容器就是永不满足的上进心。面对前进路上的任何成功，都能波澜不惊，将之视为路途中的阶段性小目标，故其前进动力始终不竭，成果亦不断积累，"常执不盈之心，则德乃日积"（陆九渊：《陆九渊集》卷三十四《语录上》）。

2.居功自傲。

自我满足，就会不自觉地美化自己，从而导致自傲。自傲的危害极大。王阳明甚至将其视为众恶之首："人生大病，只是一傲字。……傲者众恶之魁。"（《王阳明全集》卷三《传习录下》）他认为"千罪百恶，皆从傲上来"（《王阳明全集》卷八《书正宪扇》）。

自傲会导致退步和失败。觉得自身没有缺点的人，最终都会沦为平庸的人，"才认己无不是处，愈流愈下，终成凡夫"（刘宗周：《明儒学案》卷六十二《语录》）。以为自己名声好才能高而自傲的人，最后反而会丧失名声，才能匮乏。"自多其名，其名不足。……自多其能，其能不足。"（彭汝让：《木几冗谈》）才高位隆的人也会因为狂骄而陷入失败，"才高者败于狂，位隆者败于骄"（史震林：《西青散记》）。这说明，如果因自傲而停止努力和进步，那些曾经强过他人的地方也会逐渐失去，以至于落后于他人。这种认识可谓深刻。

因为自傲之人，往往无法客观全面地看待自身与他人。例如，对自己的评价过高，对他人的评价过低，甚至还会有意地"粉饰以自矜""贬人而扬己"（赵世显：《一得斋琐言》）。这样，不仅会因为没有清醒认知和正确对待自身不足而无法采取纠正提高的策略。而且还会因为对他人没能进行客观评价而不虚心求教，从而表现为故步自封或偏执己见。换言之，既不会主动学习别人的优点，也听不进去不同意见。长此以往，轻则止步不前，重则遭遇失败。所以，古人说："自高则必危，自满则必溢，未有高而不危、满而不溢者。"（胡宏：《胡宏集·知言·大学》）

此处需要辨析的是，古人反对的傲，是指傲心，而不是傲骨。"傲骨不可无，傲心不可有。无傲骨则近于鄙夫，有傲心不得为君子。"（张潮：《幽梦影》）

（三）不夸矜逞能

夸矜逞能，就是向别人炫耀、吹嘘自己。这种行为与自我肯定、自我激励具有本质区别：自我肯定、自我激励是要激发自身的正能量，从而充分释放内在潜力；夸矜逞能，则是有意显摆自身的优越感，并在刻意压倒他人的优越感中获得满足与愉悦，本质上是追求名利的体现。这种态度和行为具有很大的负面性。

1.助长浮躁自夸的风气。

如前文所说，每个人身上都有强于或弱于他人的地方，在不同的情境中有不同的显示。也就是说，随着情境的变化，每个人都可以有资本去进行自我夸耀，并因此而彰显和强化自身的优越感。同时，也意味着在任何一种关系框架中，任何人都可以以己之长对人之短，通过吹嘘夸耀自己的优势，实现对他人的贬低与精神羞辱。

如此行径，不仅会让个体陷入自高自大、盲目自傲中而止步不前；更会造成互相攀比、恶意拉踩的浮夸恶劣风气。"好人誉己而忌称人之善，恶人毁己而乐道人之恶，民俗斯下矣。"（潘府：《明儒学案》卷四十六《素言》）

2.导致人际关系的恶化。

诚然，人与人之间存在着各种各样先天的或后天的差异。但是，对于处于下风的人来说，即使他内心高度承认这种差异，但是也不会愿意被那些处于上风的人，把这些差异拿去公示、强化甚至夸大。作为一种结果，处于下风的人会感到羞耻、愤怒，生出不满、怨恨情绪，对那些自我夸耀的人做出消极评价，轻则疏远，重则寻机报复。并且，当情境转变而使双方优劣位置发生逆转时，曾经处于下风劣势的人，极有可能会以其人之道还施彼身，"伐则掩人，矜则陵人。掩人者人亦掩之，陵人者人亦陵之"（萧绎：《金楼子·戒子篇》）。显然地，这些都会为人际关系的恶化埋下祸根。据记载，春秋时期，晋国范燮因在朝廷上三次抢在大夫之前回答秦客的哑语，而遭到他父亲的杖责。[1]原因是他的父亲觉得他的行为盖过了尊长者的才能，害怕会因此招祸，所以非常生气。故家长提醒子女要特别注意："君子不自称，非以让人，恶其盖人也。"（王昶：《诫子文》）

古人强调不自夸是最大的美德，希望人们能效仿"天地有大美而不言"（《庄子·外篇·知北游》）。"我有才能，我有富贵，人虽称赞，亦当谦让不遑。"（石成金：《传家宝》初集卷五《知世事》）所有的优点，并不需要自夸，别人都看得清清楚楚。"有麝自然香，何必当风立。"（石成金：《传家宝》初集卷五《知世事》）同时，与自傲一样，越夸耀的东西越会因夸耀而减损，故"智者不言其所长，故能保其长"（王达：《笔畴》卷上），"不自见，故明；不自是，故彰；不自伐，故有功；不自矜，故长"（《老子》第二十二章）。正确的待人接物方式应是"己之虽有，其状若无；己之虽实，其容若虚"（吴兢：《贞观政要·谦让》）。

（四）不恃势凌人

恃势凌人，就是依仗自己在某一方面（如财物、德行、功绩或地位等）高于他人而妄自尊大，从心理到行为上对他人持轻蔑态度，并理所当然地以为自己就该凌驾其上。"以势自雄。谓人既在吾后，吾自宜先之；人既在吾下，吾自宜上之。"（刘德新：《余庆堂十二戒》）

如果说自矜自夸主要是以言语夸耀给人形成一种心理和精神上的压迫

[1] 若范匄对秦客而武子击之折其委笄，恶其掩人也。国语曰：范文子暮退于朝，武子曰："何暮也?"对曰："有秦客廋辞于朝，大夫莫之能对也，吾知三焉。"武子怒曰："大夫非不能也，让父兄也。尔童子而三掩人于朝，吾不在，晋国亡无日也。"击之以杖，折其委笄。裴松之案：对秦客者，范燮也。此云范匄，盖误也。（陈寿编，裴松之注：《三国志·魏书·王昶传》）

感、羞辱感，那么恃势凌人则将其具体化到实践中，把自身某一方面的优势转化为欺凌侮辱别人的资本与倚仗。与前者相比，其伤害性更为严重和直接，古人对此严厉反对。他们说："自恃以为无患，则患至矣。"（石成金：《传家宝》初集卷五《知世事》）恃势凌人以为没祸患，其实祸患已经深埋其中了。"以富贵骄人，固非美事，以学问骄人，害亦不细。"（宋纁：《古今药石·自警编》）"傲为凶德，骄为败征。"（曾国藩：《曾国藩全集·日记一》咸丰九年二月二十八日）

恃势凌人，无疑是傲、骄的升级版，故"人不可自恃"（石成金：《传家宝》初集卷五《知世事》），家长教诫子弟要谦虚待人，稳重处事。吕坤以华山为喻，告诉儿子不要以官位凌人，"门户高一丈，气焰低一丈。华山只让天，不怕没人上"（《古今图书集成·明伦汇编·家范典》卷四十一《教子部》）。李鸿章也通过祖辈往事教导儿子推己及人，"不可因恃父兄显贵而仗势欺人。尔知汝祖父穷乏之时，为人所凌暴，敢怒不敢言。当念祖父之被困，而生反感焉"（李鸿章：《清代四名人家书·谕文儿》）。

二、谦的意义

中国古代思想家普遍重视谦，家训中关于谦的教诫比比皆是。因为"人不谦不足以受天下之益"（王阳明：《王阳明全集》卷二十四《书陈世杰卷》），《易经》上说：谦，"大足以守天下，中足以守国家，近足以守其身"。那么，谦之益具体表现在哪些方面呢？

（一）平安避祸

谦虚的精神内涵之一是"敬"，故谦、敬又常常连用，称为"谦敬"。那么，"敬"又是什么意思呢？

1. 敬是指畏—惧—警的道德心理意识。

畏，即畏惧。朱熹强调"敬，只是有所畏谨，不敢放纵。"[1]惧，即戒

---

[1] 朱熹撰，朱杰人，严佐之，刘永翔主编：《朱子全书》，上海古籍出版社，安徽教育出版社，2002年，第372页。

惧谨慎。如《周易·系辞下》说"其出入以度，外内使知惧"《论语·述而》，说"必也临事而惧，好谋而成"，都表达了这层意思。警，即警戒。甲骨文中的"敬"字，就做"警惕"解。（徐中舒：《甲骨文字典》）清代阮元在《研经室集下·释敬》中说，古圣人造字都有其本义，而此"敬"字的本义最为精确。畏、惧、警，作为"敬"内蕴的三种道德心理意识，具有内在的逻辑贯通性。即在畏、惧的双重情感压力的笼罩下，人们通过保持内心的高度警（警惕），"遇事临深履薄而为之，不敢轻为，不敢妄为"（朱熹：《朱子语类》卷二十一），小心翼翼，时刻检省自身行为，从而最终实现避灾的目的。

这一心理状态显现于外，就表现在行为上的慎、肃、勤。

2.敬是指慎—肃—勤的道德行为表现。

慎，就是要求行事时小心谨慎。慎、谨同义，"二篆为转注"（段玉裁：《说文解字注》）。古人之所以如此强调慎行，是因为"慎"可避祸[1]。肃，就是要求行事时严肃认真。许慎认为敬就是肃，"敬，肃也"（《说文解字》）。《说文解字诂林》上进一步释"肃"为"持事振敬"，并说敬、肃二者可为转注。《字源》认为，敬字的本义就是严肃。勤，就是要求行事时勤恳上进。郭沫若说，敬之本意就是要人"时常努力，不可有丝毫的放松"[2]。即在临事过程中既坚持不懈、持之以恒，"此心常无间断，才间断便不敬"（陈淳：《北溪字义·敬》），又要专心致志，尽心竭力、全身心投入[3]。

通过上述"敬"的含义可知，谦敬的重要目的就是让人时时以敬畏、戒惧、警惕之心以及小心谨慎、严肃认真、勤勉努力的行为态度，去求得平安，避免祸殃。唐甄对"敬"的作用还从另一角度进行了说明："谨慎，敬也，而敬不尽于谨慎。……敬者，止欲于未萌，消欲于既生；防纵于未

---

[1] 《周易·坤》："慎不害也。"孔颖达对此义解释："其谨慎，不与物竞，故不被害也。"
[2] 郭沫若著：《先秦天道观之进展》，《郭沫若全集：历史编》第1卷，人民出版社，1982年，第336页。
[3] 此层意思通过《说文》中以敬释忠（"忠，敬也"）这一条亦可反映。何谓忠？"尽心""尽己""一其心"是也。显然地，敬也必含有此意。

形，反纵于既行；所以保其心而纳于礼者也。"（《潜书·敬修》）敬能让人的言行举止合乎礼规，避免因轻率纵肆而引来祸端。因此，历史上许多名臣即使已经建立高功，或者资历深厚，但是也不敢居功自傲，仍然保持小心谨慎的态度。

据《汉书·张良传》记载，公元前201年，汉高祖刘邦封赏功臣。虽然张良没有战功，但是刘邦认为，张良的功劳在于出谋划策，"运筹策帷幄中，决胜千里外"。所以让他从齐国选择三万户作为封邑，以享受其赋税。张良推辞了，他说："当初我在下邳（县名，今江苏省睢宁县西北）起事，与陛下在留县会合，这是上天把我交给了陛下。陛下采用了我的计略，很幸运地有时奏效，臣愿意受封留县，那就足够了，不敢承受三万户的封赏。"虽然刘邦再三坚持，但是张良都拒绝了。他说："我能封万户，享受到最高爵位，所获得的荣耀已经是普通人的极点了，对于我来说足够了。"最后，刘邦封张良为留候。

另据《新唐书·张说传》记载，唐玄宗李隆基起初想封张说[1]为大学士，但是张说坚决推辞，他说："学士本无大称，中宗（指李显）崇宠大臣，乃有之，臣不敢以为称。"后来在集贤院宴饮，按照旧例，官位高的人先饮。张说却说："吾闻儒以道相高，不以官阀为先后。"我听说儒家是以学问道术高低来排先后，而不是以官阶门第高低来排先后。"大帝（唐高宗李治）时修史十九人，长孙无忌以元舅，每宴不肯先举爵。长安中，与修《珠英》，当时学士亦不以品秩（官品大小）为限。"于是拿起酒杯和大家同饮。对于这些高官来说，他们不仅自己小心谦谨，而且还反复要求家人也要如此。张之洞[2]在写给儿子的信中，以自身为例说明谨惧的重要性。他说："余五旬外之人也，服官一品，名满天下，然犹兢兢也，常自恐惧，不敢放恣。汝随余久，当必亲炙之，勿自以为贵介子弟，而漫不经

---

[1] 张说（667—730），字道济，一字说之，洛阳（今河南省洛阳市）人。唐朝宰相，政治家、军事家、文学家。历武则天、中宗、睿宗、玄宗四朝，封燕国公。
[2] 张之洞（1837—1909），字孝达，号香涛，祖籍直隶南皮（河北省东部），出生于贵州兴义府（今贵州省安龙县）。晚清名臣，清代洋务派的代表人物。

心，此则非余之所望于尔也，汝其慎之。"（张之洞：《清代四名人家书·致儿子书》）左宗棠在儿子科场考试取得好名次时，专门写信提醒他一定要戒骄戒躁，谨慎处事。"尔少年侥幸太早，断不可轻狂恣肆，一切言动均宜慎之又慎。"（《左宗棠全集》第十三册《家书·诗文》）

（二）认清自身位置

人是社会中的人。在犹如网络般的社会关系中，只有每个人都摆正自己的位置，并认真履行相应的责任义务，社会生活才会和谐有序。谦，作为待人接物的积极态度，能帮助人们正确看待人我关系，以及对关系中的他人和自己做出清醒判断。这样，既可以不断调整与完善自身，又可以促进人际关系的和谐。

首先，谦能消解傲骄之气，持续激发奋进动力。朱熹说："大抵人多见得在己则高，在人则卑。谦则抑己之高而卑以下人，便是平也。"（朱熹：《朱子语类》卷七十）对于个体而言，即使在某一时刻某一方面取得了突出成就，但是这些成就也只是在某一框架体系内突出，也就是说这些成就有其限定性，即存在于某一时空、某一领域、某一人群中。如果超出这个框架体系，那么，必定还有另外一些表现突出的人。仅就同一框架体系而言，如果从发展的视角来看，当下的成就，随着时代的发展，也极有可能被超越。因此，如能放眼远眺，则当下所获得的任何成就，都不值得刻意夸耀和自傲。曾国藩曾经以对比的方式说明了自满自傲的可笑和谦虚低调的必要。他说："知地之大而吾居者小，则遇荣利争夺之境，当退让以守其雌。知书籍之多而吾所见者寡，则不敢以一得自喜，而当思择善而约守之。知事变之多而吾所办者少，则不敢以功名自矜，而当思举贤而共图之。夫如此，则自私自利自满之见可渐渐蠲除矣。"（《曾文正公全集·求阙斋日记类钞》卷上）此外，谦还能帮助人们正视他人的优长，即以肯定的眼光来看待，而不是视而不见的回避和出于嫉恨的抵制。同时，又能得到他人的指点。"人之有过，苦不自知，惟旁人视之甚明。必须虚己下问，始得闻而改悔。"（石成金：《传家宝》初集卷五《知世事》）这样，既可以不断吸收他人优点，又能不断改正自身不足，从而提升和优化自己各方面的水平和能力，获得学业、德业和事业等各方面的进步与成功。

其次，明确人伦角色，认真履行相应道德义务。幼而不肯事长，愚而不肯事贤，"总是一傲字为害耳"（石成金：《传家宝》初集卷五《知世事》）。王阳明也说："傲则自高自是，不肯屈下人。故为子而傲，必不能孝；为弟而傲，必不能弟；为臣而傲，必不能忠。……'傲'之反为'谦'。'谦'字便是对症之药。非但是外貌卑逊，须是中心恭敬，撙节（自我约束，控制）退让，常见自己不是，真能虚己受人。故为子而谦，斯能孝；为弟而谦，斯能弟；为臣而谦，斯能忠。尧舜之圣，只是谦到至诚处，便是允恭克让，温恭允塞[1]也。"（《王阳明全集》卷八《书正宪扇》）这说明，傲就会高高在上，自以为是，不愿意在人伦关系中低就。这种"低就"包含两层含义：一方面，传统社会的伦常关系中，无论君臣、父子、夫妇、兄弟，其实都是建立在尊卑等级关系基础上的，因此，对于古人来说，要维护这些人伦关系，臣、子、妇、弟就必须懂得对君、父、夫、兄以卑事尊。另一方面，即使不是立足于等级基础上，仅作为一般的平等的人际交往对象，下级、子、妇、弟对上级、父、夫、兄也应持有必要的尊敬，而这种尊敬，不仅会使其面向对方时表现谦恭，而且还会自觉地履行相应的角色义务。

（三）吸引人才归附

具有谦德的统治者，能得到众人的亲近拥护和辅助。葛洪说："劳谦虚己，则附之者众；骄慢倨傲，则去之者多。"（《抱朴子·外篇·刺骄》）"学问之道，贵能下人；能下人（谦卑，求教于人），孰不乐告之以善！池沼下，故一隅之水归之；江汉下，故一方之水归之；海下，故天下之水归之。自始学以至成圣，皆不外此。"（唐甄：《潜书·虚受》）

统治者的谦德，重要表现就是礼贤下士。《荀子·尧问》中记载了周

---

[1] 允恭克让，语出《尚书·尧典》，意思是说（帝尧）诚敬谦让。温恭允塞，语出《尚书·舜典》，意思是说（帝舜）温和谦恭的美德极为丰厚。

公对伯禽的训导，他说："吾所执贽而见者十人，还贽而相见者三十人，貌执之士者百有余人，欲言而请毕事者千有余人。"我以谒见师长之礼去拜见的有十人，回礼相见的有三十人，我以礼相见的士人有一百多人，前来进言献策的有一千多人。周公对儿子的这番训导，显然是希望他能谦以待人，从而吸引贤能，把鲁国治理好。

刘向在《新序·杂说》中也记载了齐桓公礼见小臣稷的事情。齐桓公拜见一个叫稷的小吏，一天去三次也没有见到。随从说："您作为一个强大国家的君王去见一个平民百姓，一天去了三次也没见到，也算尽了心意了，不用再去了。"齐桓公说："不能这样想。有才干的人傲视爵位和俸禄，当然也不会巴望着君王。如果君王不把霸主大业放在心上，那当然也可以不把有才干的人放在心上。小臣稷可以看不起爵位俸禄，可是我又怎么敢看不起中原霸主的大业呢？"就这样，齐桓公总共去了五次才见到稷。其他国家的国君听说了这件事，都说："强国齐桓公都能放下架子平等对待百姓，更何况我们这些一般国家的国君呢？"于是他们一个接一个地来朝见齐桓公，没有不来的。由此可知，齐桓公能够多次会盟诸侯，签订条约，让天下稳定下来，正是由于他能以如此态度对待士人。[1]

在儒家看来，如果统治者能谦以待人，不仅会让自己得到众人的尊重拥戴，而且还会彰显其德行的光辉，反之就算身处高位也德行不显。"言能谦，则位处尊而德愈光，位虽卑而莫能踰。如古之贤圣之君，以谦下人，则位尊而愈光；若骄奢自大，则虽尊而不光。"（朱熹：《朱子语类》卷七十）此处需要注意的是，与儒家观点不同，《老子》则更倾向于将上位者之谦看成一种权谋术，因为其关于戒骄谦下的主张，主要是基于"曲则全"（第二十二章）"柔终胜刚强"（第三十六章）的理论，认为大国如果能对小国谦下，则会取得小国的尊信。小国如果能对大国谦下，则会取

---

[1] 齐桓公见小臣稷，一日三至，不得见也。从者曰："万乘之主，布衣之士，一日三至不得见，亦可以止矣。"桓公曰："不然，士之骜爵禄者固轻其主，其主骜霸王者亦轻其士。纵夫子骜禄爵，吾庸敢骜霸王乎？"五往而后得见。天下闻之，皆曰："桓公犹下布衣之士，而况国君乎？"于是相率而朝，靡有不至。桓公所以九合诸侯，一匡天下者，遇士于是也。

得大国的尊信。"大国以下小国，则取小国；小国以下大国，则取大国。"（第六十一章）显然，谦在此处并不具有目的性，而是表现出强烈的权谋工具意味。因此，朱熹评价老子是个"退步占便宜的人"（朱熹：《朱子语类》卷一二五），通过退步（谦下）以求得更大的好处。

三、谦德践履中需注意的问题

谦德作为一种道德规范，是对一切人的要求。既然其基本表现是卑己以尊人，那么在待人接物中自身必然表现出让、不争的行为倾向。故自古以来就有"谦让"一说。

（一）以让相接

"厚人自薄谓之让。"（贾谊：《新书·道术》）让，就是厚于人薄于己。让别人多得，自己少得。古人认为谦让作为一种美好的德行，乃是高尚道德的根本和基础。《左传·昭公十年》上说："让，德之主也。谓懿德。"《左传·文公元年》上说："卑让，德之基也。"

谦让是君子在交往时一定会遵守的礼仪和规则。"敬让也者，君子之所以相接也。"（《礼记·聘义》）在古人看来，君子之间的交往并不会出现争夺，"两君子无争，相让故也"（吕坤：《呻吟语·应务》）。如果有，那么也仅表现在射箭比赛中。"君子无所争。必也射乎！揖让而升，下而饮。其争也君子。"（《论语·八佾》）即使是比赛中的争夺也是在互相揖让、充满谦意中完成的。同样地，君子和小人之间的交往也不会出现争夺，因为君子会谦让容忍小人。但是，如果两个小人交往就会出现争夺，"两君子无争，相让故也。一君子一小人无争，有容故也。争者，两小人也"（吕坤：《呻吟语·应务》）。

同时，谦让也是豁达的人所具有的远见卓识。"达人远见，不与物争。视利犹粪土之污，视权犹鸿毛之轻。"（许名奎：《劝忍百箴·争之忍》）因为"屈己者能处众，好胜者必遇敌"（陈录：《善诱文·省心杂言》）。相反，"终身让路，不失分寸"（张英：《聪训斋语》）。谦让不意味着失去与软弱，而是能带来收获与强大，"屈以为伸，让以为得，弱以为强，鲜不遂矣"（王昶：《家戒》）。要以一时的屈己求得长远的伸展，以暂时的退让来换取未来的收获，以当下的软弱去谋求以后的强大，这样的愿望很少有不能实现的。杨继盛在临终前，还结合诸多生活细节谆谆告诫家人谦让，"同干事则勿避劳苦，同饮食则勿贪甘美，同行走则勿择好路，同睡寝则勿占床席。宁让人，勿使人让我；宁容人，勿使人容我；宁吃人亏，勿使人吃我之亏；宁受人气，勿使人受我之气"（《杨椒山家训》）。清代刘芳喆在《拙翁庸言》中，也给出了极具操作性的谦让指导："热闹场中，人向前，我向后，退让一步，缓缓再行，则身无倾覆，安乐甚多。是非窝里，人用口，我用耳，想想再说，则身无差谬，祸患不及。"

（二）为而不争

因谦让而表现出的不争，并不是要求一个人无所作为，而是指有所作为而不争功。周公说："君子力如牛，不与牛争力；走如马，不与马争走；知如士，不与士争知。"（《荀子·尧问》）君子即使力大如牛，奔跑如马，智慧如士人，但是也不会与牛争力，与马争跑，与士人争智。这种为而不争的品德，不仅有助于克服自高自大的恶习，还能让自己在为人处世上胸怀宽广，既不斤斤计较于一己之私，又不求全责备于他人，从而实现用人所长，人尽其才。如此才会拥有和谐的人际关系、团结有力的集体以及发达进步的事业。"孰知夫恭敬辞让之所以养安也！"（《荀子·礼论》）恭敬辞让既有益于培护维持社会安定，又有助于远离祸端，"修恭逊敬爱辞让，除怨无争，以相逆也，则不失于人矣。尝试多怨争利，相为不逊，则不得其身。大哉！恭逊敬爱之道"（《管子·小称》）。用恭敬谦逊、敬爱、辞让、无争，来互相对待，就不失于人。如果多怨争利，相为不逊，就会自身难保。

此种不争主要体现在让贤、让功、让利[1]三个方面：

1.让贤：有声名而不自满。

《左传》记载了范宣子重德让贤的事情。襄公十三年，晋悼公在绵上

---

[1] 罗国杰主编：《中国传统道德》德行卷，中国人民大学出版社，2012年，第331页。

（今山西省翼城县西）教练军队。让范宣子担任三军主帅，范宣子推辞说："荀偃年长。从前因为我对荀偃非常熟悉了解，所以辅佐他，并不是由于我贤能。还是让荀偃来做三军主帅吧。"荀偃做了三军主帅，范宣子辅佐他。让韩起率领上军，韩起又让给赵武，韩起辅佐他；栾恒子率领下军，魏绛辅佐他。……因此，晋国百姓和谐，诸侯和睦。君子说：谦让，是礼的基础。范宣子谦让，所以他的下属都谦让。栾恒子骄横，也不敢违礼不让。晋国因此安定团结，几世都受益。[1]

2.让功：有功劳而不居。

晋国军队胜利回国，上军佐范文子（即范士燮）最后才回来。他的父亲范武子说："你怎么回来这么晚，你没想到我在盼着你吗？"范文子回答道："出兵有功劳，老百姓都高兴地迎接大家。先回来的，一定会受到人们的格外瞩目。但这份荣誉应该属于统帅，所以我不敢先回来啊。"范武子说："你如此谦让，以后肯定不会惹祸上身。"郤伯（主师郤克）进见，晋景公说："这次胜利真是您的功劳啊！"郤伯回答说："这是您的指挥以及诸位将帅的功劳，我哪有什么功劳。"范文子进见，晋景公也像对郤伯一样慰问他。范文子回答说："这是由于上将军荀庚指挥得当，主帅郤克统率有方，我又有什么功劳呢！"下军将栾书进见，晋景公也如同慰问郤伯他们一样慰问他。栾书回答道："这是由于上军佐范士燮的指示，以及士兵们服从命令，我哪里有什么功劳呢？"[2]

---

[1] 侯蒐于绵上以治兵。使士匄将中军，辞曰："伯游长。昔臣习于知伯，是以佐之，非能贤也。请从伯游。"荀偃将中军，士匄佐之。使韩起将上军，辞以赵武。又使栾黡，辞曰："臣不如韩起，韩起愿上赵武，君其听之。"使赵武将上军，韩起佐之；栾黡将下军，魏绛佐之。……晋国之民是以大和，诸侯遂睦。君子："让，礼之主也。范宣子让，其下皆让。栾黡为汰，弗敢违也。晋国以平，数世赖之，刑善也夫！"

[2]《左传·成公二年》记载，"晋师归，范文子后入。武子曰：'无为吾望尔也乎？'对曰：'师有功，国人喜以逆之，先入，必属耳目焉，是代帅受名也，故不敢。'武子曰：'吾知免矣。' 郤伯见，公曰：'子之力也夫！'对曰：'君之训也，二三子之力也，臣何力之有焉？'范叔见，劳之如郤伯，对曰：'庚所命也，克之制也，燮何力之有焉？栾伯见，公亦如之，对曰：'燮之诏也，士用命也，书何力之有焉？'"

3.让利：施惠于人而不自居。

《史记·吴太伯世家》记载了吴公子季札让位的事情。自泰伯[1]创建吴国，到吴王寿梦这一代已经历十九世。寿梦有四个儿子，大儿子诸樊，二儿子馀祭，三儿子馀眜，四儿子季札。季札[2]极富才干贤德，寿梦想立他为储君以继承大统，但是季札却推辞了。于是寿梦改立长子诸樊，让诸樊代行群事，执掌国政。……诸樊去世时留下遗嘱，让弟弟馀祭继承君位，之后让他再传给下一个弟弟，这样做的目的就是最终将王位传于季札。这样既能实现先王寿梦的意愿，又满足了哥哥们的期望。实际上，为了嘉许季札的情义，几位哥哥都希望他能登上王位。但是季札还是坚决不肯受位，最后只是受封于延陵（今江苏省常州市）一带，因此，他也被称为延陵季子。[3]

（三）让以进德

"古人所讲的谦恭礼让……是以德为前提，是为了进德。"[4]古人强调谦让，主要是从增进德操的角度来加以考虑的。在此需要注意几点：

一是谦让应出于真诚，而不是虚伪做作。"让，懿行也，过则为足恭，为曲礼，多出机心。"（洪应明：《菜根谭》）正确的谦让应把握好分寸，坚持实事求是原则。如果表现过度，则可能流于伪诈或怀有机心。二是谦让有其适用的范围，并不是对于任何事情都要退让。孔子说："当仁，不让于师。"（《论语·卫灵公》）如果一件事情符合道德要求，那么即使是面对老师也不要谦让。所以，"毛遂自荐"自古以来都受到人们的肯定和

---

[1] 泰伯，曾经被孔子赞美为"至德"之人。泰伯本来是周朝的王位继承人，但是由于父亲太王有意把王位传给小儿子季历以及孙子姬昌，所以，泰伯就主动把王位让了出来，以采药为名，逃至荒芜的荆蛮之地，建立了吴国，成为吴国的始祖。

[2] 季札（前576-前484）（另说生卒年不详），姬姓，春秋晚期政治家和文艺评论家。他德才兼备，是中华文明史上礼仪和诚信的代表性人物。据传他是孔子的老师，与孔子齐名，称为"南季北孔"。

[3] 自太伯作吴……至寿梦十九世。……寿梦有子四人，长曰诸樊，次曰馀祭，次曰馀眜，次曰季札。季札贤，而寿梦欲立之，季札让不可，于是乃立长子诸樊，摄行事当国。……诸樊卒，有命授弟馀祭，欲传以次，必致国于季札而止，以称先王寿梦之意，且嘉季札之义，兄弟皆欲致国，令以渐至焉。季札封于延陵，故号曰延陵季子。

[4] 罗国杰主编：《中国传统道德》德行卷，中国人民大学出版社，2012年，第331页。

鼓励。三是谦让不是在人我关系中基于对自身的否定性评价而发生的退缩和妥协行为，"并不是妄自菲薄，也不是毫无原则的一团和气"[1]，而是建立在自信自强的基础上，对他人表达敬意和尊重的一种道德行为。四是谦让不意味着对竞争的回避和消解。事实上，谦让与竞争意识从不矛盾，一个懂得谦让的人，同时也可以是一个富于积极进取和大胆冒险精神的人。

小结：家训要言

1. 虚己者，进德之基。（明·方孝孺：《杂诚》）

2. 于人交游，无问高下，须常和易，不可妄自尊大，修饰边幅，使人疑畏。（明·袁颢：《袁氏家训》）

3. 矜己之长，露人之短，妒人之有，耻己之无，则怀轻人、上人之心，贼德莫大焉。惩忿窒欲，忍辱耐事，口无过言，身无过行，则有容人、过人之量，进善莫良焉。（明·刘良臣：《凤川子克己示儿编》）

4. 见过所以求福，反己所以免祸。常见己过，常向吉中行矣。自认不是，人不好再开口矣。非是为横逆之来，姑且自认不是。其实人非圣人，岂能尽善？人来加我，多是自取。但肯反求道理，自见如此，则吾心愈密细，临事愈精详，一番经历，一番进取，省了多少气力，长了几多识见。小人所以为小人者，只是见别人不是而已。（清·孟超然：《家诫录》）

5. 骄傲是一生招祸之根，谦恭是一生受益之本。（清·但明伦：《诒谋随笔》）

6. 谦为吉德，固也，然谦亦须以礼节之。礼，即中也。谦而无礼则劳，岂古人礼让之意乎？今人皆知傲者之害礼，而不知谦之不当礼而亦害于礼。有子谓："恭近于礼，远耻辱。"孔子以足恭为耻。可知谦是自然，谦而无礼则是有所为而为之，胁肩谄笑，耻莫甚焉，辱莫大焉。廉耻道丧，气节不振，则非谦之为害，谦而无礼之为害也。（清·但明伦：《诒谋随笔》）

---

[1] 罗国杰主编：《中国传统道德》德行卷，中国人民大学出版社，2012年，第331页。

7.圣贤只是虚心，见得人人各有好处，皆当取以为师。当用人之际，则各用其所长，是以群才效用而事克底于成。若犯一"盈"字，便见得人人皆非，己独是，人人皆愚，己独智，人人皆庸，己独才，人人皆不肖，己独贤，则其为人必糊涂、必执拗、必刚愎，以之任事，小事小败，大事大败。（清·但明伦：《诒谋随笔》）

8.敬人正是自敬，慢人正是自慢。好说人好处，正是自己好处，好说人不好，正是自己不好。（清·高梅阁：《训子语》）

9.持盈之道，莫要于守谦。《易》曰："天道亏盈而益谦，地道变盈而流谦，鬼神害盈而福谦，人道恶盈而好谦。""谦""盈"二字，圣人不惮再四言之，盖欲人之反复寻味于其旨也。试观闾里中，其盛者，莫不由祖父之忠厚以启之；其衰者，莫不由子孙之骄淫以促之。然则谦盈之故，所系岂不重哉？吾祖父世传中厚，故发于吾，吾子孙惟习于谦谨，敬守家法，或不至遽堕家声也。（清·涂天相：《静用堂家训》）

10.莫骄人。见一切人，无论贵贱贫富，惟当谦虚和悦。若或高傲自大，人皆憎恶，乃量小福薄之人也。（清·石成金：《天基遗言》）

宽以待人

"宽"字出现得很早，本意是指房屋宽大。"宽，屋宽大也。"（许慎：《说文解字》）用于人际关系上，则指为人宽厚、宽容等。自古以来，宽就被视为"君子之德""古之贤圣未有无是心，无是德者也"（陆九渊：《陆九渊集》卷五《与辛幼安》），认为"和以处众，宽以接下，恕以待人"（李邦献：《省心杂言》）乃是君子德行。在古代家训中，宽是家长训诫子弟的重要内容。他们要求子弟从小牢记："涵容是处人第一法。"（吕坤：《呻吟语·存心》）并从多个方面强调了养成宽德的重要性。

一、宽的心理基础、总体要求与基本精神

（一）恕

宽以待人的根本在于心怀仁善，其行为基础是恕。朱熹说："恕是推那爱底，……若不是恕去推，那爱也不能及物，也不能亲亲仁民爱物，只是自爱而已。"（朱熹：《朱子语类》卷九十五）只有在恕的基础上，宽才得以成立和践行。由于二者的密切关系，故时常连用，称为"宽恕"。

恕体现在两个维度上：

1.推己及人。

何谓恕？孔子说："己所不欲，勿施于人。"（《论语·卫灵公》）自己不想要的，就不要强加到别人身上，即推己及人，"推己及物"（朱熹：《四书章句集注·论语集注》）。要做到这一点，首先要将心比心。"恕者，以身为度者也。"（《尸子·恕》）"以己量人谓之恕。"（贾谊：《新书·道术》）以自身为标准去度量他人，以己心度人心，通过自己的心意以揣测

他人心意。其次要视人如己。"仁人之视人也如己，待疏也犹密。"（葛洪：《抱朴子·外篇·广譬》）如果一个人能做到"视人之国若视其国，视人之家若视其家，视人之身若视其身"（《墨子·兼爱中》），那么必然会取消人我疏密之别，从而做到一视同仁。古人还把这一点视作君子与小人的关键区别点。"能视人犹己者，则为君子；不能视人犹己者，则为小人。此观人之法也。"（袁甫：《宋元学案》卷七十五《经筵讲义》）再次要正确看待己欲与人欲的关系。"己所不欲毋加诸人，恶诸人则去诸己，欲诸人则求诸己。"（《尸子·恕》）在一个关系链条中，如果厌恶别人对自己的某种行为，那么，自己就不要对另一个人这样做。"所恶于上，毋以使下；所恶于下，毋以事上。所恶于前，毋以先后；所恶于后，毋以从前。所恶于右，毋以交于左；所恶于左，毋以交于右。此之谓絜矩之道。"（《大学》）如果喜欢别人的某种行为，那么自己也要对别人这样做。"感己之好敬也，故接士以礼；感己之好爱也，故遇人有恩。……恶人之忘我也，故常念人。"（王符：《潜夫论·交际》）总之，由于人们具有相通的喜恶情感，"如富寿康宁，人之所欲；死亡贫苦，人之所恶。所欲者必以同于人，所恶者不以加于人。"（朱熹：《朱子语类》卷四十二）故要推己及人。最后要合理对待己有与人有的关系。如果自己也有某些缺点，那么就不该嘲笑别人。"我之所有，不以讥彼；"（王符：《潜夫论·交际》）如果自己不具备某些才能，那么也不该强求别人具备。"己之所无，不以责下。"（王符：《潜夫论·交际》）如果自己无法做到某些事情，那么也不该期望别人做到。如"有君不能事，有臣而求其使，非恕也；有亲不能孝，有子而求其报，非恕也；有兄不能敬，有弟而求其顺，非恕也"（《孔子家语·三恕》）；再如"己无礼而责人敬，己无恩而责人爱；……行己若此，难以称仁矣"（王符：《潜夫论·交际》）。在此，家长还对子弟特别强调，即使上述这些方面自己都能做到，也不应该强求别人做到。"虽然，在我者既尽，在人者亦不必深责。"（袁采：《袁氏世范·处己》）

需要注意的是，推己及人尽管是对所有人的要求，但是对于管理层来说更显重要，因为其影响范围宽泛，会令很多人因此受惠。"就有位者而言，则所推者大，而所及者甚广。……如吾欲以天下养其亲，却使天下之人父母冻饿，不得以遂其孝；吾欲长吾长、幼吾幼，却使天下之人兄弟妻子离散，不得以安其处；吾欲享四海之富，却使海内困穷无告（有苦无处告，形容极为不幸）者，不得以遂其生生之乐，如此便是全不推己，便是不恕。"（陈淳：《北溪字义·忠恕》）此外，推己及人，虽然是体察他人的重要途径，但是这种体察也并非完全准确。因为人们的喜恶虽有共性，但又有区别。"处世只一恕字，可谓以己及人，视人犹己矣，然有不足以尽者。天下之事，有己所不欲而人欲者，有己所欲而人不欲者，这里还须理会，有无限妙处。"（吕坤：《呻吟语·应务》）故以己度人时还必须具体情况具体分析，全面考虑个体需求上的差异性与多样性。

2.换位思考。

即易地而处，站在他人角度来看待问题。

一是假设自己处于他人的情境中，尽可能地去贴近和体验他人的情绪，从而加深对其所作所为的理解。即"体，谓设以身处其地而察其心也"（朱熹：《四书章句集注·中庸集注》）。这种方式有助于人们放下成见，并做出符合对方心意的举动，从而消除误解和摩擦，实现人际关系的和谐友善。"大抵接人处事于见得他人不是，极怒之际，能设身易地以处，则意气顿平。"（曾国藩：《曾国藩全集·书信·复邓汪琼》咸丰八年十一月初二日）戴震还着重谈到在行动之前进行换位思考的必要性。"凡有所施于人，反躬而静思之：'人以此施于我，能受之乎？'凡有所责于人，反躬而静思之：'人以此责于我，能尽之乎？'"（《孟子字义疏证·理》）任何想要加在别人身上的意见或者责备，如果能在开始之前反躬自省，假设同样的情景发生在自己身上时的感受，就能更好地实施这些行为，使其发挥更好的作用。

二是根据对方要求来调节自己行为。首先明确对方对自己的期望，然后按照这个期望努力去做。"为人子者以其父之心为心，为人弟者以其兄之心为心，推而达于天下，斯可矣。"（王通：《中说·天地》）作为儿子，就要了解父母的期望；作为弟弟，就要了解哥哥的期望。如果能把这种为人之道，由家庭内部推扩到家庭外部，那么人们就可以妥当处理自身与他人的关系了。

（二）不求全责备

宽作为待人接物的行为准则和美德，在社会实践中的总体要求就是对人对事不求全责备。这不仅是来自推己及人基础上的理解与同情，而且是来自对人与事的深刻体察。

一方面，任何事物都不可能尽善尽美。"自古及今，未有能全其行者也。"（《文子·上义》）所谓人无完人，金无足赤。即使"夏后氏之璜，不能无瑕；明月之珠，不能无秽"（《文子·上义》）。对于人而言，个体身上必然存在这样那样的不足与瑕疵，即使经过后天的刻苦修习，也只是助其不断走向相对完美。另一方面，任何实践活动都处于不断发展之中，存在着不断完善的可能空间。即每一阶段的实践活动，都必然存在尚待完善之处。因此，无论个体自身还是人类的实践活动，不完美才是一种常态。君子正是深刻认识到这一点，故"不责备于一人"。他们既不会"志人之所短，忘人之所长"（《文子·上义》），因其不足而忽略其优长或已经取得的成绩，也不会吹毛求疵，而是主张"常言人长，希言人短"（王充：《论衡·自纪》）。这正是建立在对人与事全面的发展的认识基础上所表现出的宽厚态度。

与之相反，苛刻代表了对人与事的过分要求。这一态度的背后，从根本上来说是对美善的相对性与绝对性这一辩证关系的懵懂无知或者刻意回避。特别是某些苛刻态度，有时还会在所谓严格要求、追求更好目标的保护下，获得某种似乎合理的地位和评价，从而掩盖了其错误实质，并进一步造成人们的认识模糊性，形成在这一问题上的认识误区。

（三）尊重、理解、豁达

从这一总体要求出发，宽在人际交往中具体表现为几个方面：

1.尊重。

事物间的差异和多样，构成了其存在与发展的前提与动力。所谓尊重，正是在承认这一差异基础上表现出来的对事物多样性的包容与接纳。古人

说："惟宽可以容人，惟厚可以载物。"（薛瑄：《薛文清公读书录·器量》）

首先，就才干学识而言，无论先天禀赋，还是后天养成，个体之间都会存在着各种差异。

不过，这个差异却不是固定不变的，而是随着参照系统的改变而改变。在这个参照系统中，对应这个衡量指标，个体间表现这样的差异。但是在另一个参照系统中，针对那个衡量指标，个体间就极有可能出现另一种差异。在此差异中，比较双方的高低位置很可能会随之发生转换，之前处于较高水平的一方，可能会成为较低水平的一方，或者相反。同时，对象间的差异还会随着个体发展而不断变化。在某一个时段，一方弱于其他人，处于劣势位置。但在其刻苦学习和努力钻研下就可能由弱变强，在与他人比较中由劣势转为优势。所以，在对待他人的态度上，就不要因为其在某一个衡量体系中水平较低就严厉责备，甚至于嫌弃、轻视。尤其是对于那些不如自己的人，更不能"以所长者病人""以所能者愧人"（赵谦：《明儒学案》卷四十三《造化经纶图》；而是应该做到"君子尊贤而容众，嘉善而矜不能""于人何所不容"（《论语·子张》）；"贤而能容罢，知而能容愚，博而能容浅，粹而能容杂"（《荀子·非相》）。君子自身虽有贤能但又能够容纳德才不好的人，自身虽然明智但又能容纳愚昧无知的人，自身虽然博学但又能容纳才识浅薄的人，自身虽然道德纯洁但又能容纳品行不纯的人。

其次，就社会地位而言，在不同的参照系中人们处于不同的位置。

从政治上来说，有上级和下级之分；从经济地位上来说，有富人和穷人之分；从文化上来说，有专家和普通学人之分；等等。总的来说，宽的原则要求那些在参照系中处于较高位置的人，在面对处于较低位置的人时不是盛气凌人，高高在上。而是做到平等、尊重、和气。主张上级对下级要宽和，"宽以接下"（林逋：《省心录》）。富人对穷人要保持亲善，经常往来，"富贵之家，常有穷亲戚来往，便是忠厚"（石成金：《传家宝》三集卷二《绅瑜》）。

2.理解。

理解是实现人际和谐、增进人际情感的重要基石。从古至今，人们都渴望得到他人的理解。吕坤说："肯替别人想，是第一等学问。"（《呻吟语·应务》）

如果在为人处世上，能从理解出发，深刻体会对方的处境和情感，就不会无视对方的真实感受，就能站在对方视角去思考和解决问题。"'敬''恕'，二字细加体认，实觉刻不可离。'敬'则心存而不放，'恕'则不蔽于私。孟子之所谓'推'，所谓'达'，所谓'扩充'，指示至为切近。"（曾国藩：《曾国藩全集·书信·复邓汪琼》咸丰八年十一月初二日）同时，还会有效抑制个人偏见以及个人的利益纠结，故戴震说："去私莫如强恕，解蔽莫如学。"（《原善》卷下）石成金也讲："惟恕可以成德。……恕则无人我之私，故能进于德。"（《传家宝》三集卷二《群珠》）在理解的基础上，还能生出对他人的更多同情心、共情心和包容心。"饱而知人之饥，温而知人之寒，逸而知人之劳。"（《晏子春秋·内篇·谏上》）相应地，对于他人身上的弱点、工作学习上的不足，甚至失误等也不会随意批评，任意打击。

在此，需要注意的是，批评虽然是帮助别人进步的重要手段，但是也必须注意方式方法。首先，批评应出自善良真诚，决不能用以贬低别人、抬高自己。"厚者不毁人以自益也，仁者不危人以要名也"（《战国策》卷三十一《燕王喜使栗腹以百金为赵孝成王寿》），"因他人之过以市（买）名。长厚者不为"（徐祯稷：《耻言》上卷）。当然更不能用来实施打击报复。其次，批评用语要温暖平和，使人容易接受。"闻暖语如挟纩（穿棉衣）""闻温语如佩玉，闻益语如赠金，口耳之际，倍为亲切。"（吴从先：《小窗自纪》）当然这种话语与甜言蜜语、阿谀奉承有着本质区别。反之，如果批评用语尖酸刻薄，极尽责备，不仅伤人损人，达不到批评的效果，反而会让对方心生反感甚至仇恨，从而引发人际关系的紧张与冲突。"责人到闭口卷舌、面赤背汗时，犹刺刺不已，岂不快心？然浅隘刻薄甚矣。"（吕坤：《呻吟语·伦理》）再次，宽厚之人在批评别人时还会充分考虑对方的承受能力，理解对方被批评时的心理状态和期望，"攻人之恶毋太严，要思其堪受"（石成金：《传家宝》三集卷二《绅瑜》）。

3.豁达。

"恕之一字，因（疑为"固"）为求仁之要；量之一字，又为行恕之要。未有能恕而无量者也，亦未有有量而无恕者也。是故恕虽当勉，量亦当学。"（王达：《笔畴》卷下）

第一，豁达代表容人的度量、胸襟以及格局。

古人认为，一个人的度量、胸襟以及格局，是其境界的体现，二者是双向证明的关系。即度量越大境界越高，或者说境界越高度量越大。不同的人有不同的度量，"有杯盂之量，有池沼之量，有江海之量，有天地之量"（王达：《笔畴》卷下）。对应不同的度量，人的道德境界也不同。"天地之量，圣人也；江海之量，贤人也；池沼之量，中人也；杯盂之量，则小人也。"（王达：《笔畴》卷下）与之相关，度量不同，容人的能力不同。"沟恤之量，不可以容江河，江河之量，不可以容沧海。……若君子则以天地为量，何所不容。"（杨时：《龟山先生语录》卷二）防旱排涝的田间小水道容不下江河，江河也容不下沧海。如果君子能有天地一样的广博胸怀，自然会包容万物。对于所有的人与事，都可以妥善处理。

如三国时期蜀国的蒋琬[1]就是这样豁达的人。根据《三国志·蜀书·蒋琬费祎姜维传》记载，他在诸葛亮去世后主持朝政。东曹援（官名，办事官员）杨戏[2]个性粗放，不善言辞。蒋琬与他说话，他也是不应不答。有人看到了，就对蒋琬说："您与杨戏说话，他却不搭理，如此傲慢上级，实在是太过分了！"蒋琬听后并不在意，反而说："每个人的脾气秉性不同，就像容貌不同一样。古人告诫人们，不要当面应承背后非议。让杨戏当面赞扬我，这不是他的本心；让他批评我，又怕彰显我的错误，所以他

---

[1] 蒋琬（？—246），字公琰，零陵湘乡（今湖南省湘乡市）人。三国时期蜀汉宰相。与诸葛亮、董允、费祎合称"蜀汉四相"。

[2] 杨戏（？—261），字文然，犍为郡武阳县（今四川省眉山市彭山区）人，三国时期蜀汉官员。

只好不说话了，这不正是他的诚实之处吗?"还有一个督农官杨敏曾经私下里说蒋琬"作事愦愦，诚非及前人"，做事昏乱糊涂，真是赶不上前人（指诸葛亮）。有人把这话汇报给蒋琬，主管法纪的官员请求追究杨敏，给他治罪。蒋琬却平静地说："我确实比不上诸葛丞相，所以有什么可追究他的呢?"主客官员又请蒋琬去责问杨敏为什么说他昏乱糊涂。蒋琬说："苟其不如，则事不当理，事不当理，则愦愦矣。复何问邪?"如果不如前人，就会处事不当，处事不当，当然就是昏乱糊涂了。还有什么好问的呢?后来杨敏犯罪坐监，大家都以为他必死无疑。可是蒋琬完全没有成见，而是依法秉公处理，免除其重罪。蒋琬的好恶爱憎都像这样合乎道义。再如清朝康熙年间的名臣张英，也是一个宽厚大度、不以势压人的人。据《桐城县志》记载，张英老家桐城的老宅，与叶家挨着。两家府邸间有个空地，供双方来往使用。后来叶家想要建造房屋，要占用这个地方，张家不同意，因此起了争执。于是张家人就写了一封信给张英，希望他能出面干预。可是张英看过信后，在回信中写下这样的四句话："千里家书只为墙，再让三尺又何妨?万里长城今犹在，不见当年秦始皇。"家里人接到书信后，觉得有道理，于是就把院墙主动退后三尺；叶家见此情景，也倍感惭愧，把墙向后让了三尺。这样，在张叶两家的院墙之间就形

成了一个六尺宽的巷道，这就是有名的"六尺巷"。

因此，家长告诫子弟"器量须大，心境须宽"（吴麟徵：《家诫要言》），"大其心，容天下之物"（吕坤：《呻吟语·修身》），主张"君子之于人也，当于有过中求无过，不当于无过中求有过"（宋纁：《古今药石·自警编》）。

第二，豁达意味着不计较与无私。

在现实生活中，人际交往难免产生一些摩擦、冲突甚至仇怨，但是豁达之人并不会耿耿于怀。即使自己身处高位，在与对方的力量对比中占据上风时也"不念旧恶"（《论语·公冶长》），不会趁机报复。西汉著名大将军韩信早年曾受过"胯下之辱"。"淮阴屠中少年有侮信者，曰：'若虽长大，好带刀剑，中情怯耳。'众辱之曰：'信能死，刺我；不能死，出我袴下。'于是信孰视之，俛出袴下，蒲伏。一市人皆笑信，以为怯。"后来他成为楚王回到故乡，人们都以为那个人一定会被处死，可韩信不但没有杀他，反而还让他做了一个小官。并且"告诸将相曰：'此壮士也。方辱我时，我宁不能杀之邪？杀之无名，故忍而就于此。'"（《史记·淮阴侯列传》）这件事因此成为美谈，人们都赞赏韩信宽容豁达的气度。

同样地，不同的人对于同一件事情也会持有不同意见。豁达之人面对不利于自己的言论时，能够坦然以对，甚至在必要的场合中还会为这些意见相左者说好话。三国时期吴国的陆逊[1]就是这样胸襟开阔的人，对于反对自己的人他也一样善待，被孙权视为贤德之人。会稽太守淳于式曾经向孙权上表，揭发陆逊"枉取民人，愁扰所在"，非法掠夺百姓、骚扰当地。但是后来陆逊到了都城（今江苏省南京市），在与孙权说话时还称赞淳于式是好官。孙权说："他告发你，为什么你还要赞美举荐他呢？"陆逊回答说："淳于式告我的状，是为了百姓。我怎么能说他的坏话来扰乱您的视听呢？这种不良风气绝不能助长。"孙权听后说："此诚长者之事，顾人不

---

[1] 陆逊（183—245），本名陆议，字伯言，吴郡吴县（今上海市松江区）人。三国时期吴国的政治家、军事家。

能为耳。"这可真是忠厚长者的行为，只是一般人都做不到这样罢了。（《三国志·吴书·陆逊传》）

第三，豁达表现为成人之美。

《论语·颜渊》上说："君子成人之美，不成人之恶。小人反是。""成人美，掩人过"（赵谦：《造化经纶图》），也是豁达的应有之义。这里所说的"掩人过"，并不是指对其过错视而不见，而是主张"以大善掩小恶，不以大恶掩小善"（杨万里：《庸言》）。不因其小恶就忽略掉其大善，也不因其大恶就忽略掉其小善。即无论一个人有多少恶行，只要他做过善事，即使再微小，也要给予积极评价。强调"记人之功，忘人之过"（《汉书·陈汤传》），不过分计较其曾经有过的错误。元末明初著名的政治家宋濂[1]就是这样的人。他虽然长期为官，但从不议论别人过失。有一次明太祖和宋濂闲聊，询问大臣们的善恶优劣情况。宋濂列举了表现优良的大臣，并说："这些人与我交朋友，所以我了解他们，至于有哪些表现不优良的人，我就不知道了。"主事茹太素上书万余言，太祖大怒，并为此询问众臣的看法。有的人指着奏疏说，这是对皇上的不敬，是诽谤。太祖又问宋濂，宋濂回答说："茹太素此举正是在向陛下尽忠，您现在刚敞开言路，怎么能给他定大罪呢？"不久，太祖翻阅茹太素的奏疏，觉得确实有很多可取之处，于是就将朝臣全部召来责问，并叫着宋濂的字说："如果没有景濂，我可能就要错罚茹太素了。"接着太祖又称赞道："我听说最高层次的人是圣人，其次是贤人，再次是君子。宋景濂辅佐我十九年了，从来没说过假话，也没有讥讽、责难过一个人。他始终如此，可以说他不仅是君子，更是贤人啊。"[2]

---

[1] 宋濂（1310—1381），初名寿，字景濂，号潜溪，别号龙门子、玄真遁叟等。祖籍金华潜溪（今浙江省义乌市），后迁居金华浦江（今浙江省浦江县）。元末明初著名政治家、文学家、史学家、思想家，与高启、刘基并称为"明初诗文三大家"，又与章溢、刘基、叶琛并称为"浙东四先生"。
[2] 于是帝廷誉之曰："朕闻太上为圣，其次为贤，其次为君子。宋景濂事朕十九年，未尝有一言之伪，诮一人之短，始终无二，非止君子，抑可谓贤矣。"（朱轼：《历代名臣传·宋濂》）

二、宽在践履中的意义

宽被视为君子之德，因而宽厚大度的人，也被认为是君子。

（一）宽以养德

古人认为宽是修身养性的基础。"厚重、静定、宽缓，进德之基。"（薛瑄：《薛瑄全集·读书录》卷一）

1.胸怀坦荡，心平气和。

北宋名臣吕蒙正[1]为人正直。在他刚参与政事时，第一次进入朝堂，就有一个官员在帘子后面指着他说："这个人也来参政了？"他假装没听见，走过去了。但是同僚气不过，想让人去查问那个官员的姓名，吕蒙正立即制止了他。在朝议结束以后，这个同僚还愤愤不平，后悔没有追查到底。对此，吕蒙正说："不查是对的。如果查知了他的姓名，我就可能终身都念念不忘，让自己烦恼。所以还不如不知道。"当时的人都佩服他宽宏大量。[2]

冯班[3]认为："善人为善，极有受用处，无过一个心安。"（《家戒》）宽厚之人，既不会过分在意别人的诋毁，也不会经常琢磨如何报复别人。由于其心平气和，态度安稳，因此不仅有益于身心健康，而且有助于德行涵养。与之相反，小人心胸狭窄，待人处事极尽刻薄，既有对他人的不满与怨怒，又有防备对方报复的担心和顾虑。因此，经常陷入消极的情绪中，其心情自然彷徨抑郁，"自隘自蹙，损性致病"（傅山：《十六字格

---

[1]　吕蒙正（944—1011），字圣功，河南洛阳人，祖籍在今山东省莱州市军寨址村。北宋初年宰相。

[2]　吕文穆公蒙正，不记人过。初参政事，入朝堂，有朝士于帘内指之曰："此子亦参政耶？"文穆佯为不闻而过。同列令诘其官位姓名，文穆遽止之。朝罢，同列犹不能平，悔不穷问。文穆曰："若一知其姓名，则终身不复能忘，固不如弗知也。"时人服其量。（潘永因：《宋稗类钞·雅量二》）

[3]　冯班（1602—1671），明末清初著名诗人，字定远，号钝吟居士、钝吟老人，江苏常熟人，师从钱谦益，"虞山诗派"的重要人物，少时与其兄冯舒并称为"海虞二冯"。其著作颇丰，有《钝吟集》《钝吟杂录》《钝吟书要》和《钝吟诗文稿》等。其中，《钝吟杂录》是冯班后人冯武辑录，分为《家戒》《正俗》《读古浅说》等十卷，涉及经学、诗法文论、读书法等内容。

言》），不仅会招致严重的心理问题和生理疾病，更会造成德行损耗。

2.容人之过，大度服人。

"不责人之小过，不发人阴私，不念人旧恶。三者可以养德，亦可以远害。"（洪应明：《菜根谭》）北宋政治家韩琦[1]就是一个这样的人。关于其事迹，许多文献中均有记载。如吕本中在《童蒙训》中就记述了两件事。一件事是讲韩琦能容人之过。韩琦留守北京时，幕僚每晚都会出去游乐宴饮，其他同僚都想去向韩琦汇报，但是担心韩琦不相信。有一天，这些人一起约好在晚上拜见韩琦讨论急事，并请求韩琦召见那个人。等了很久，那个人也没到。当众人正想要告诉韩琦其中缘由时，韩琦却假装忽然想起来的样子，说："我忘记早些时候曾经让他来过，并告诉他说，我要出去见一个熟人，所以这时候我不在家。"还有一件事是讲韩琦大度服人。有一个缉捕武官在韩琦身边待了很长时间，但由于韩琦没有遣派，所以他一直未去参选。这样过了几年，这个武官就有些怨气，于是对韩琦说："我只有参选才是做官，留在您这里，只是奴仆罢了。"于是韩琦笑着屏退其他人，然后说："你还记得某年某月某日，你私自窃取官银几十两放在怀袖中的事情吗？只有我知道这件事，别人都不知道。我之所以不遣派你，就是担心你当官以后不自慎，败坏官职。"这个缉捕武官听了以后，羞愧地谢罪。

3.严以律己，反求诸己。

宽容大度的人，宽以待人，却严以律己。"君子自难而易彼，众人自易而难彼。"（《墨子·亲士》）在面对纠纷矛盾时，他们并不会苦恼或者怨恨他人，而是认真反省，从自身查找可能原因。"有人于此，其待我以横逆，则君子必自反也：我必不仁也，必无礼也，此物奚宜至哉？"（《孟子·离娄下》）如果有人对其横暴无理，君子就会自我反省，否是由于自身的原因而导致的如此结果。反求诸己，不仅能推动自身不断改正不足，

---

[1] 韩琦（1008—1075），字稚圭，号赣叟，相州安阳（今河南省安阳市）人。封魏国公。与范仲淹齐名，历任边疆大臣，功勋卓著。

而且易于化解矛盾，在完善自我德行的同时，团结他人，和谐人际关系。所以，吕柟说："人能反己，则四通八达皆坦途也。若常以责人为心，则举足皆荆棘也。"（《明儒学案》卷八《吕泾野先生语录》）

（二）宽以积福避祸

吕坤说："精明也要十分，只须藏在浑厚里作用。古今得祸，精明人十居其九，未有浑厚而得祸者。"（《呻吟语·修身》）在家训中，家长们都把宽以待人、善于处人视作自身福报的重要前提。他们要求子弟"待人要宽和，世事要练习"，（吴麟徵：《家戒要言》）吴麟徵还以根深叶茂来比喻宽厚与福气之间的关系，"本根厚而后枝叶茂，每事宽一分，即积一分之福"。石成金也说："以度容人，集福之要术。""待人，宽一分是福。"（《传家宝》三集卷二《绅瑜》）不仅如此，有的家长甚至认为福气的厚薄与宽厚之间存在着互为因果的必然联系。如陈继儒就说："薄福者，必刻薄，刻薄则福益薄矣；厚福者，必宽厚，宽厚则福益厚矣。"（《安得长者言》）由此观点出发，他告诫子弟，要待人以宽，从而累积福气。

那么，为何宽厚就会积福避祸呢？

郑观应对此进行了细致地阐释："慈祥恺恻之人，世皆钦爱。善气相感，自多如意吉祥之事，纵有时不幸而值祸患，而世之爱之护之者群焉相助，自能转祸为福，此所谓作善降祥也。凶暴溪刻之人，世皆怨恶。恶气相召，自多乖戾，悖逆之事纵有时福机偶至，而世之怨之、怒之者群焉相攻而阻之，俾其事不成，此所谓不善降殃也。降祥降殃，皆自降之，非天降之也……然则世之为善者非为人便，实亦自便而已。不必邀福，亦尽其分之所当为而已。"（《郑观应集·训子侄》）宽厚之人，心情良善，而良善足以感人。当他遇到困难时人们就愿意施于援手，相反，刻薄之人，往往会招来怨恶。即使偶然有福运降临，也会遭致那些心怀怨恨的人的狙击，而破坏掉其福运。所以，一个人是得到福气还是灾殃，都是由自身决定的。显然，这种观点在劝导子弟宽以待人方面，极具说服力。

（三）宽是营造和谐人际关系的重要因素

"为善无他法，但处心平易，使常有喜气，自然无不善。""善气迎人，亲于兄弟，逆气迎人，惨于戈矛。"（冯班：《家戒》）"与人方便，自己方便。"（《名贤集》）反之，"好称人恶，人亦道其恶；好憎人者，亦为人所憎"。（刘向：《说苑·谈丛》）因此，要使人际环境和谐友善，就要善以待人，宽以待人。宽以待人意味着在待人处事上的容忍和包涵，具体表现为克制与退让。

克制，指在激烈冲突发生时，能"忍一时之忿"（石成金：《传家宝》二集卷二《人事通》）从而实现"冤仇立解"的效果，反之，"一毫之咈，即悖然而怒；一事之违，即愤然而发"（石成金：《传家宝》二集卷八《谨身要法》），则会加深矛盾和冲突。据《晋书·周顗传》记载，晋朝名士周顗[1]待人宽厚友爱。他在年少时名声就很大。他的堂弟周穆也有美誉，于是就想要压过周顗，但是周顗毫不在意，从不与之计较。这样，人们更加尊崇依附周顗。有一次，周顗的弟弟周嵩喝醉后对他说："你的才能不如我，怎么还会有这么大的名声！"情绪激动之下，把燃烧的蜡烛扔向了他。周顗神色不变，平静地说："阿奴用蜡烛来攻击我，这根本就是下策呀。"

退让，指在冲突发生时，自身能够主动后退一步。家长非常提倡这一点。高攀龙说："临事让人一步，自有馀地；临财放宽一分，自有馀味。"（《高子家训》）人们朝夕相处，无法完全避免分歧与摩擦，如"有一人能下气，与之话言，则彼此酬复，遂如平时矣"（袁采：《袁氏世范·睦亲》）。有人主动退让，就能避免裂痕扩大甚至反目成仇，就能维护平和的人际关系。如果说克制代表了容忍、包含的保守做法，那么退让就代表了容忍、包含的积极策略，因此退让并不可耻。当然，这种退让并不是"畏势而忍"，不是在外力强权压迫之下不得已而为之的被动选择，而是一

---

[1] 周顗（269—322），字伯仁，汝南郡安成县（今河南省汝南县）人。晋朝大臣、名士，安东将军周浚的儿子。他少有声誉，神采俊秀。

种自觉主动行为，是"无可畏之势而忍者"（石成金：《传家宝》三集卷二《绅瑜》）。

（四）宽是成就大事的重要条件

"君子立心，未有不成于容忍，而败于不容忍也。容则能恕人，忍则能耐事。"（王达：《笔畴》卷上）要成就一番功业，就不能缺少宽厚的素养。

首先，宽体现了大局意识。

在整体利益与个人利益之间的权衡与选择上，宽厚之人会抛开个人恩怨，以大局为重。在著名的"负荆请罪"典故中，蔺相如对廉颇的宽容，就是大局意识的体现。据《史记·廉颇蔺相如列传》记载，当时，蔺相如因为"完璧归赵""渑池之功"被赵王封为上卿，官位在廉颇之上。廉颇很不服气，认为自己身为赵国将军，有攻城野战之功，而蔺相如不过能说会道。于是扬言见到蔺相如，一定要羞辱他。蔺相如听说后，就尽量避让。有一次蔺相如出门，远远看见廉颇，赶紧掉转车躲避。他的门客见此情景后，都以为蔺相如畏惧廉颇，因此感到羞耻，请求离开。但是蔺相如说："你们认为廉将军与秦王相比，谁更厉害？"门客说："廉将军比不上秦王。"蔺相如说："以秦王之威，我都敢当庭呵斥他，我怎么会怕廉将军呢？只是我考虑到秦国不敢侵略赵国，是因为有我和廉将军。如果我们二人发生争斗，就会两败俱伤。我之所以对廉将军容忍退让，就是把国家的危难放在前面，把个人的私怨放在后面啊！"这话被廉颇听到，很是惭愧，于是脱掉战袍，背上荆条，由宾客引领，来到蔺相如的门前谢罪。蔺相如听说廉颇来了，也热情地迎了出来，从此后，他们成为同生死共患难的好朋友，共同保卫赵国。

其次，宽可凝聚人心。

"不容，不可以驭下。"（李邦献：《省心杂言》）据《旧唐书·孝友传·张公艺》记载，郓州寿张（1964年寿张县撤销建制，其地划归河南和山东。大致为今河南省台前县和山东省阳谷县寿张镇。）人张公艺，九代同居。"北齐时，东安王高永乐诣宅慰抚旌表焉。隋开皇中，大使、邵阳公梁子恭亦亲慰抚，重表其门。贞观中，特敕吏加旌表。"唐麟德二年，高宗去泰山封禅，路过郓州，听说张氏九世同居，历朝都有旌表，于是也慕名过访，问张公艺为何能九世同居。张公艺让人拿来纸笔，在纸上连写了一百多个"忍"字。高宗感动落泪，于是赐给他缣帛以示表彰。张公艺是中国古代治家的典范，其所书写的"忍"字，就包含了宽容之义。

治家要"宽"，治国更要"宽"。《左传·襄公二十四年》上说："恕思以明德，则令名载而行之，是以远至迩安！"用宽容来显明德行，就会让美名得到传播，这样，远方的人就会来归附，附近的人就会安心。"君子之度己则以绳，接人则用抴……接人用抴，故能宽容，因众以成天下之大事矣。"（《荀子·非相》）君子对自己要求严格，对他人却宽容忠厚，热情引导，所以能凝聚众人而成就大事。

成语"绝缨之宴"，说的就是楚庄王宽厚待人、心胸开阔。最终赢得人心、得到帮助的典故。春秋时期，诸侯国之间战乱频仍。楚庄王在一次平定叛乱后大宴群臣，直至黄昏。楚王命人点起烛火，还命两个最宠爱的美人许姬和麦姬轮流向文臣武将敬酒。正在此时，忽然一阵大风把蜡烛吹灭了。有一个人趁黑拉住了许姬的手，在拉扯之间，许姬扯下了这个人帽子上的缨带。她来到楚王身边，让楚王马上点亮蜡烛，查找此人，严加惩处。但是楚庄王听后，反而下令让大家都摘去帽盔上的缨带，然后才点燃蜡烛。几年后，楚庄王和晋国开战，有一名战将主动率领部下先行开路，其所到之处拼死力战，大败敌军。战后楚庄王论功行赏，才知道他叫唐狡。他不要赏赐，并且坦白自己就是几年前宴会上那个拉住许姬手的人，今天的举动就是报答当年楚庄王不追究之恩。[1] 可见，楚庄王能够名列"春秋五霸"，与其宽厚大度的胸襟是分不开的。后人还曾作诗赞其有"江

---

[1] 楚庄王赐群臣酒，日暮酒酣，灯烛灭，乃有人引美人之衣者，美人援绝其冠缨，告王曰："今者烛灭，有引妾衣者，妾援得其冠缨持之，趣火来上，视绝缨者。"王曰："赐人酒，使醉失礼，奈何欲显妇人之节而辱士乎？"乃命左右曰："今日与寡人饮，不绝冠缨者不欢。"群臣百有余人皆绝去其冠缨而上火，卒尽欢而罢。居三年，晋与楚战，有一臣常在前，五合五奋，首却敌，卒得胜之，庄王怪而问曰："寡人德薄，又未尝异子，子何故出死不疑如是？"对曰："臣当死，往者醉失礼，王隐忍不加诛也；臣终不敢以荫蔽之德而不显报王也，常愿肝脑涂地，用颈血湔敌久矣，臣乃夜绝缨者。"遂败晋军，楚得以强。（刘向：《说苑·复恩》）

海量"。"暗中牵袂醉中情，玉手如风已绝缨。尽说君王江海量，畜鱼水忌十分清。"（余邵鱼：《东周列国志》）

三、宽在实践中应注意的问题

宽以待人，实质是善以待人，但是待人宽与待人善都应具有原则性。

（一）不是对恶人恶事的姑息纵容

司马光说："宽而疾恶。"（《温国文正司马公文集》卷七十四《迂书·宽猛》）这是强调政策制定虽然要宽厚，但也不能纵容坏人坏事。同样地，宽以待人也必须在明辨善恶是非的前提下进行。

朱熹引用程颐的观点，"'恕'字须兼'忠'字说"，认为"此说方是尽。忠是尽己也，尽己而后为恕。……今人只为不理会忠，而徒为恕，其弊只是姑息"（朱熹：《朱子语类》卷四十二）。此处强调"忠恕"，是表明"恕"之实施必须区分具体情况。在"恕"之前放一个限定词"忠"，就是要求人们正视并判断自己的真实内心。此一段话是朱熹结合刑罚来说的，如果一个人的行为本来应该受罚，那就应该让其受罚，而不是从如果自己也有此行为则并不希望受罚这样的想法出发，推己及人地认为不应该对其进行惩罚。朱熹认为，如果按照后者去做，那么这种所谓的"恕"就失去了原则，实际上是一种姑息。

（二）遏恶扬善，举直措枉

"好善而恶不善，好仁而恶不仁，乃人心之用也。遏恶扬善，举直措枉，乃宽德之行也。"（陆九渊：《陆九渊集》卷五《与辛幼安》）

善恶乃是此消彼长的关系，二者不可调和、不可并存。对恶的容忍，就是对善的戕害。"君子固欲人之善，而天下不能无不善者以害吾之善；固欲人之仁，而天下不能无不仁者以害吾之仁。有不仁、不善为吾之害，而不有以禁之、治之、去之，则善者不可以伸，仁者不可以遂。是其去不仁乃所以为仁，去不善乃所以为善也。"（陆九渊：《陆九渊集》卷五《与辛幼安》）因此，不念旧恶、不记人过，必须以不违背仁义为前提，这样才能促进人我之间的道德完善与健康和谐。古人认为，关于善恶的大是大非本就属于原则问题，所以一分也不可退让。"容只是宽平不狭。如这个人当杀则杀之，是理合当杀，非是自家不容他。"（朱熹：《朱子语类》卷一一五）这说明，宽容必须合"理"、有原则。

（三）宽不能变成别人为所欲为的倚仗

"圣人之宽厚，不使人有所恃。"（吕坤：《呻吟语·治道》）故待人以宽必须坚守底线，绝不能为了获得所谓的宽厚的美名就姑息恶人，"以姑息匪人市宽厚名"（吕坤：《呻吟语·治道》），从而客观上为他人的放纵恣肆提供了便利条件以及生存土壤。

因此，对于人际关系中的怨恨现象，孔子并不主张以德报怨，用善德来对待仇怨、认为这种所谓的宽厚其实非常有害。《礼记·表记》上也说："以德报怨，则宽身之民也；以怨报德，则刑戮之民也。"用德惠来回报别人对自己的仇怨，那就是苟求容身的人；用怨恨来回报别人对自己的恩德，那就是应该刑杀的恶人。孔子主张"以直报怨"（《论语·宪问》），以公平正直来对待仇怨。以直报怨，一方面，是指对待仇怨要从原则出发，该怎样对待就怎样对待，不以别人对自己的仇怨为转移。即不会公报私仇。另一方面，还要宽严相济。即应该宽容时要宽容，应该严厉时就要严厉，不能一味容忍退让。"血气之怒不可有，义理之怒不可无。"（朱熹：《朱子语类》卷十三）当然，对待不同品性的人，也要宽严有别。"待善人宜宽，待恶人宜严，待庸众之人当宽严互存。"（洪应明：《菜根谭》）同时，还须注意"待小人宜宽，防小人宜严"（石成金：《传家宝》三集卷二《绅瑜》）。

（四）宽以待人，严以律己

古人强调，宽是指向他人的要求与美德，对待自己则应尽可能地严格要求，而不是宽容大度。在这方面，有许多的议论，如"与人不求备，检身若不及"（《尚书·伊训》），"躬自厚[1]而薄责于人"（《论语·卫灵

---

[1] 根据杨伯峻观点，"厚"字后省略了"责"字，此处意指多责备自己。（《论语译注》）

公》），"君子责人则以人，自责则以义"（《吕氏春秋·举难》）。即用对待一般人的普通标准去要求他人，对待自己则应该用符合道义的高标准来要求，等等。韩愈对此做了具体论述，他说："古之君子，其责己也重以周，其待人以轻以约。重以周，则不怠；轻以约，故人乐为善。"（《韩昌黎集》卷一《原毁》）对自己要求必须严格、全面，如此就不会让自己松懈怠惰；对他人的要求则应宽厚随和，如此就可与人结善。

"天宽无所不覆，地宽无所不载，化宽无所不归，海宽无所不纳，恩宽惠及四海，德宽万里影从。"（杜正伦：《百行章·宽行章第二十六》）"宽"作为君子之德，对于个体、家庭以及国家都具有超越时代的重要价值。因此，即使今天，家长也特别注意从小培养子女宽厚的品格。

小结：家训要言

1. 教子侄须要处友待下皆宽厚。（明·杨士奇：《杨士奇家训》）

2. 耳不闻人之非，目不视人之短，口不言人之过，庶几为君子。（宋·李邦献：《省心杂言》）

3. 以吝为俭，以刻为严，以谄为让，以傲惰为厚重，以狷黠为聪明，以阘茸为宽大，何啻千里！（明·许相卿：《许氏贻谋四则》）

4. 有包涵浑厚之德，然后可以得人而济事。（明·刘良臣：《凤川子克己示儿编》）

5. 友不能求全责备，当恕其短而取其长。惟于大节无亏，一切细行，尚有可原。（清·沈起潜：《沈氏家训》）

6. 天地之大，何所不容？江海之深，何所不纳？故为人须要宽大。（清·但明伦：《诒谋随笔》）

7. 君子既当责己，又须谅人。惟能谅人，乃能恕人。见识不到，思虑不及，力量不济，致有错失，此无心之过也，当谅之恕之。（清·但明伦：《诒谋随笔》）

8. 存心正大，行事自然光明磊落，不入于欺诈倾险。存心忠厚，行事自然宽大和平，不入于刻薄残忍。日月所照，无所不周，何必暗地伤人

乎？天地之大，无所不容，何必专事残刻乎？（清·但明伦：《诒谋随笔》）

9.处世第一要度量宏大。如度量不大，不惟不能容人，先且不能容己。吃一小亏，心便不安；闻一恶言，心便忿恨。遇事思占便宜，随处皆不满愿，此心无安静时矣。（清·李受彤：《李州侯家训》）

10.度量要宽宏，性情要忍耐。（清·赵润生：《庭训录》）

诚信处世

诚信是中华民族的传统美德。"诚信"一词，由诚和信构成。作为独立的美德要求，诚与信出现得很早，并得到了古人的重视和提倡。如《左传》中就提到了"诚"，"昔高阳氏有才子八人：苍舒、隤敳、梼戭、大临、尨降、庭坚、仲容、叔达，齐圣广渊，明允笃诚，天下之民谓之'八恺'"[1]。至于"信"，先秦时期的典籍屡屡提及。诚与信联结成一个词语，始自春秋时期的管仲，他在强调诚信对于国家的治理作用时说道："先王贵诚信。诚信者，天下之结也。"（《管子·枢言》）诚信在修身、齐家和治国等方面均具有重要作用。家长认为，信是"立身之本"（李邦献：《省心杂言》），"人凭信立"（杜正伦：《百行章·信行章第十五》），他们非常注重从小培养子弟的诚信品格。因此，诚信成为家长训诫子孙的重要内容之一。

一、诚信的含义与要求

"诚""信"二字的含义相通。《说文解字》中就是二字互训，"诚，信也"。"信，诚也"。不过，二字又各有侧重。诚，主要是指内心的真诚、真实，与伪相对。信，则是指在人际关系中要遵守信用。古人认为："信生于诚，无诚则不信。"一个人只有先具备了真诚、真实的内心，才能表现于外，在为人处世上讲究信用，故二者为表里关系。"诚信"一词，蕴

---

[1] 从前高阳氏有才能出众的子孙八位：苍舒、隤敳、梼戭、大临、尨降、庭坚、仲容、叔达，他们中正、通达、宽宏、深远、明智、守信、厚道、诚实，天下的百姓称为"八恺"。（《左传·文公十八年》）

涵着诚与信的双重内涵，指诚实守信。

（一）诚：诚实、真实

诚的核心要义就在于诚实、真实。"真者，精诚之至也。"（《庄子·杂篇·渔父》）朱熹反复说："诚只是一个实。""妄诞欺诈为不诚。"（朱熹：《朱子语类》卷六）"诚者，真实无妄之谓。"（《四书章句集注·中庸章句》）曾国藩也说："诚者，不欺者也。"（《曾文正公全集·日记类钞》卷上）这一含义来自人们对于"天道"的体认。陈淳说："天道流行，自古及今，无一毫之妄。暑往则寒来，日往则月来，春生了便夏长，秋杀了便冬藏，元亨利贞，终始循环，万古常如此。……又就果木观之，甜者万古甜，苦者万古苦。……万古常然，无一毫差错。"（《北溪字义·诚》）从古至今，自然界的运行规律始终如此，自然现象也并无偏差，人们认为这是自然界真实无欺的表现与反映。具体来说，就是要实言，实行，实心。

实言，即"发言之实"（陈淳：《北溪字义·忠信》），说出的话真实无伪，实话实说，不说假话、空话和大话，不以言语自欺和欺人。实行，即"做事之实"（陈淳：《北溪字义·忠信》），以求真务实的态度和精神去对待所从事的事情。一是认真严谨，尽心竭力。对待事业既不敷衍了事，也不藏奸耍滑。这种实实在在、全身心投入的职业精神，是保证各行各业工作成效以及事业发展的重要因素。"百工不信，则器械苦伪，丹漆染色不贞（正）。"（《吕氏春秋·贵信》）二是不断钻研，精益求精。对待工作和事业不是简单重复，原地踏步，而是不断追求更高水平。

实言与实行，都根基于实心。"实心，无所往而不可。盖实心一也，可以应天下之万变。"（杨简：《纪先训》）实心具体表现在三个方面：

首先，表里如一。即不掩饰自己的真实想法与过错。"诚意，只是表里如一。若外面白，里面黑，便非诚意。今人须于静坐时见得表里有不如一，方是有工夫。如小人见君子则掩其不善，已是第二番过失。"（朱熹：《朱子语类》卷十六）心里是怎么想的，行动上就怎么表现，不要在别人面前掩盖自己的真实思想和意图。朱熹认为，从道德修养的层面来看，表里不一已经是一番过错，如果再对这种过错进行刻意掩饰，则是第二番过错，是错上加错，就是在"不诚"的道路上越陷越深。因此，家长训诫子弟时，强调"过则人皆有，未足为患。所患在文饰，倘不文饰，非过也。志士之过，布露不隐"（杨简：《纪先训》）。

其次，明处与暗处如一。一方面，不做当面一套背后一套的"两面人"，而是无论人前人后都能言行一致，"毋面诺背违，毋阴非阳是"（石成金：《传家宝》二集卷八《谨身要法》）。另一方面，即使在无人监管的情况下，依然坚守正确的行事准则。如宋代大臣查道[1]，不仅是个有名的大孝子，还是个非常诚信的人。有一天早上，他带着仆人挑着礼物，去拜访远方的亲戚。走到中午时，两个人都饥肠辘辘，但是沿途并没有餐馆，于是仆人建议把礼物中的一部分拿出来吃掉。但是查道不同意，他说："怎么能这样做呢？这些礼物是要送给别人的，那就等于是别人家的东西了。我们不能偷吃。"这样，两个人只好饿着肚子继续赶路。走着走着，路边出现了一个枣园，园子里的枣树上挂满了熟透的枣子。查道叫仆人去摘些枣子来吃。等两个人吃过后，查道拿出一串钱，挂在枣树上，对仆人说："讲诚信是做人的品德，虽然枣树的主人没在这里，也没人看见我们吃枣，但是我们既然吃了，就应该给钱。"[2]

再次，不因外界的压力而违逆自己的良心。在任何情境中，都坚持自己的正确主张。这一点，在许多正直的史官身上表现得尤为突出。据《左传》中记载，晋灵公荒暴无道。……赵穿在桃园杀死了晋灵公。卿大夫赵盾因为多次进谏晋灵公，晋灵公不接受，还想杀掉他，于是为了避祸而外逃，但是当他听说了这件事，还没有逃出国境就又回来了。太史（记事的史官）董狐记载道："赵盾弑其君。"并且拿到朝廷上公布。赵盾说："不是这样。"董狐说："您是执掌朝政的正卿，逃跑了只是没有出国境，后来

---

[1] 查道（955—1018），字湛然，歙州休宁（今安徽省休宁县）人，大臣查元方之子。著名孝子，未成年时就以诗词著称。
[2] 此为民间传说。《宋史·查道传》中记载：查道"尝出按部，路侧有佳枣，从者摘以献，道即计直挂钱于树而去"。故事情节虽有差异，但其中表达的诚信品格是一致的。

返回朝堂，又不讨伐弑君之人，弑君的不是您又是谁呢？"赵盾说："唉！《诗经》中有一句话，'由于我的怀恋，反而自找祸患'，大概就是说我吧。"孔子对这件事做了评论，他说："董狐是古代的好史官，据法直书而不隐讳。赵盾是古代的好大夫，为了执行记事原则而承受恶名。可惜呀！要是逃出了国境就可以免掉罪名了。"[1]此外，据《新唐书》记载，史官吴兢也具有同样的美德，时人赞其为当代董狐。吴兢最初和刘子玄编撰《武后实录》，记载张昌宗引诱张说为魏元忠事作伪证，写道"张说已同意了，靠宋璟等人拦着苦劝，才改变主意进忠言，如果不这样，皇族就危险了"。后来张说当上宰相，看见这段文字不太高兴。他知道是吴兢写的，于是假装语气轻松地借题发挥说："刘子玄记述魏齐公的事，一点都不顾及我的面子，怎么办呢？"吴兢回答："刘子玄已去世了，不能在土里受冤枉。那是我写的，草稿还在。"听说的人都赞叹他的耿直。张说多次请求他看在彼此交情的份儿上改写，他都推辞了。"如果照顾您的私情而改写，那还叫什么实录呢？"最终也没改。[2]

（二）信：信用

信用，就是要求人们在人际交往过程中"言而有信"（《论语·卫灵公》），"言必信"（《论语·子路》），要对自己说过的话负责，不忘记和不违背自己的诺言。对于已经允诺的事情，即使再微不足道，也需认真对待、积极落实。"有所许诺，纤毫必偿，有所期约，时刻不易。"（袁采：《袁氏世范·处己》）

---

[1]　晋灵公不君……赵穿杀灵公于桃园。宣子未出山而复。大史书曰："赵盾弑其君"，以示于朝。宣子曰："不然。"对曰："子为正卿，亡不越竟，反不讨贼，非子而谁？"宣子曰："乌呼！《诗》曰：'我之怀矣，自诒伊戚，'其我之谓矣！"孔子曰："董狐，古之良史也，书法不隐。赵宣子，古之良大夫也，为法受恶。惜也，越竟乃免。"（《左传·宣公二年》）

[2]　吴兢，汴州浚仪人。少厉志，贯知经史，方直寡谐比，惟与魏元忠、朱敬则游。二人者当路，荐兢才堪论撰，诏直史馆，修国史。迁右拾遗内供奉。……初与刘子玄撰定《武后实录》，叙张昌宗诱张说诬证魏元忠事，颇言"说已然可，赖宋璟等邀励苦切，故转祸为忠，不然，皇嗣且殆。"后说为相，读之，心不善，知兢所为，即从容谬谓曰："刘生书魏齐公事，不少假借，奈何？"兢曰："子玄已亡，不可受诬地下。兢实书之，其草故在。"闻者叹其直。说屡以情蕲改，辞曰："徇公之情，何名实录？"卒不改。世谓今董狐云。（《新唐书·吴兢传》）

1.言语不妄不欺。

陆九渊说："信者何？不妄之谓也。"（《陆九渊集》卷三十二《拾遗》）不妄，就是不虚假，不欺诈。具体表现有两个：一是真实描述和反映实际情况，不故意说假话以歪曲或隐瞒。"无便曰无，有便曰有。若以为无为有，以有为无，便是不以实，不得谓之信。"（陈淳：《北溪字义·忠信》）北宋晏殊[1]就是这样诚实坦荡的人。据沈括的《梦溪笔谈》记载，晏殊少年时，有人把他举荐给宋真宗。真宗让他和别人一起参加考试，但是晏殊发现试题是自己不久前练习过的，于是就如实报告给宋真宗，申请改换其他考题。宋真宗非常赞赏他的诚实，赐其"同进士出身"。由于当时天下太平，大小官员经常一起游玩或者聚会宴饮，但是晏殊从不参加。后来，真宗把晏殊提升为辅佐太子读书的东宫官，大臣们都很惊讶。真宗解释道："你们都出去游玩宴饮，只有晏殊闭门读书，如此自重、谨慎的品质，正是东宫官所需要的。"不过，晏殊却说："其实我也喜欢游玩饮宴，但是家里穷。如果有钱，也早就去宴游了。"经过这两件事，晏殊不仅在群臣那里树立起了信誉，而且宋真宗也更加信任他了。二是说话要有凭据，经得起核实查证。"夫言行可履，信之至也。"（刘清之：《戒子通录》）这是诚信的最高境界。故不能信口开河，特别是那些道听途说或者主观臆断的事情，更不能随意传播或胡编乱造。

2.不食其诺。

即要求言行一致。《中庸》上说："言顾行，行顾言。"朱熹也说："信是言行相顾之谓。"（朱熹：《朱子语类》卷二十一）古人认为，人之所以成为人，在于其能言。但是作为人之重要标志的语言，却不能随意说出，而是要说话算数，"言之所以为言者，信也。言而不信，何以为言？"（《春秋穀梁传·僖公二十二年》）说话却不算数，那还能叫作话吗？

---

[1] 晏殊（991—1055），字同叔，抚州临川（今江西省抚州市临川区）人。北宋著名文学家、政治家。

第一，对任何人说出的言语都要认真对待。即使是对自家的小孩子，也要注意言语的严肃性，不能抱着随口说说的玩笑态度。"曾子杀猪"的故事就表达了这层含义。曾子是孔子的弟子。有一次，他的妻子要到集市上去买东西，儿子就跟着她，边走边哭。妻子就说："别哭。等我回来后杀猪给你吃。"等到妻子从集市上回来后，看见曾子要抓猪杀猪，赶紧阻止他说："我只是跟小孩子说着玩儿的，你怎么还当真呢？"曾子说："对小孩子也不能戏言。小孩子本身没有什么辨别力，都是跟着父母学来的。现在你欺骗他，就是教他欺骗别人。而且，你欺骗孩子，那么以后孩子就不会再相信你了，这种教育方法不好。"于是，曾子就把猪杀了，给孩子煮猪肉吃。[1]

第二，绝不因情势变化而违背诺言。答应别人的事情，无论在何种情况下都应不食其言。徐珂汇编的《清稗类钞·敬信类》中记载了这样一件事。有个人叫蔡璘，非常重诺。曾经有个朋友把千金寄附在他那里，也没有立下任何契约。过了不久，这个朋友亡故了。于是蔡璘就把朋友的儿子叫来，要归还朋友寄付的千金。朋友儿子非常惊愕，表示不会接受。他说："嘻！没有这回事。怎么可能寄付千金却没有契约呢？再说，我父亲也没跟我提过这件事。"蔡璘笑着说："我们的契约在心里，不在纸上，你父亲了解我这个人，所以他没有跟你说。"最后还是推着车子，把千金送还给朋友的儿子了。[2]

第三，为了坚守诺言甚至可以牺牲生命。成语"尾生抱柱"反映的就是这一点。有一个叫尾生的年轻人，与一个女子相约在桥下见面。但是等了很久，这个女子也没来。这时候，桥下水涨，如果他能及时离开此地，

[1] 曾子之妻之市，其子随之而泣。其母曰："女还，顾反为女杀彘。"妻适市来，曾子欲捕彘杀之。妻止之曰："特与婴儿戏耳。"曾子曰："婴儿非与戏也。婴儿非有知也，待父母而学者也，听父母之教。今子欺之，是教子欺也。母欺子，子而不信其母，非以成教也。"遂烹彘也。（《韩非子·外储说左上·说六》）

[2] 蔡璘，字勉旃，吴县人。重诺责，敦风义。有友某以千金寄之，不立券。亡何（同无何，不久），其人亡，蔡召其子至，归之，愕然不受，曰："嘻！无此事也，安有寄千金而无券者？且父未尝语我也。"蔡笑曰："券在心，不在纸，而翁知我，故不语郎君。"卒辇而致之。

登上高处就安全，但是尾生却坚守信约而不肯离去。水越涨越高，最后他抱着桥柱淹死了。[1]这件事在《汉书·古今人表》以及《艺文类聚》等书中均有记载，《史记·苏秦传》中也有"信如尾生"的句子，可见当时这个故事即已流传。并且，很多诗词歌赋以及戏曲里也有关于尾生的典故，如汤显祖的《牡丹亭》第二十二出就有一句："尾生般抱柱正题桥，做倒地文星佳兆。"人们常以此成语来比喻和赞美坚守信约、至死不渝的精神。

3.勿轻率许诺。

古人认为，"轻诺必寡信"（《老子》第六十三章），"必诺之言，不足信也"（《管子·形势解》）。因为轻率允诺，极有可能对于自己答应的事情缺乏周密考虑，从而为后来失信埋下祸端。

为避免此类情况的发生，就需要在许诺之前慎重考虑。通过对将要许诺的事情认真评估以判断其可行性。首先，考察这件事是否符合"理义"。"圣人之诺己也，先论其理义，计其可否。义则诺，不义则已。可则诺，不可则已。故其诺未尝不信也。"（《管子·形势解》）如果符合才可以答应，否则就不要答应。其次，考察所答应的事，是否具备可实现的主客观条件。从主观条件上来看，这件事情是否会超出自己的能力范围？如果超出，那么就会心有余而力不足；从客观条件上来看，这件事情是否具有客观实在性？如果在当时的条件下，根本不具备实现的可能性，那么这一许诺必然无法落实。基于上述理由，古人明确反对"不义亦诺，不可亦诺"（《管子·形势解》）以及"口惠而实不至"（《礼记·表记》）的情形；家长们也主张"与其不信，不如勿诺"（石成金：《传家宝》二集卷三《金言》），与其允诺之后又失信，还不如不允诺。

二、诚信的意义

"蛮夷不可以力胜，而可以信服。鬼神不可以情通，而可以诚达。况涉世与人为徒，诚信其可舍诸？"（李邦献：《省心杂言》）故古代家长极

---

[1] 尾生与女子期于梁下，女子不来，水至不去，抱梁柱而死。（《庄子·杂篇·盗跖》）

力推崇诚信。

（一）诚是德行的内在依据与精神实质

"君子养心莫善于诚。"（《荀子·不苟》）荀子认为诚是陶冶性情、提高道德修养的最重要条件。宋代理学家继承与发挥了这一观点。周敦颐甚至把诚提升到道德本源的高度，他说："诚，五常之本，百行之源也。"（《通书·诚下》）一个人之所以能成为圣人，就在于其能"诚"。杨时说："进德之事莫非诚也。"（《龟山先生语录》卷二）朱熹说："须是表里皆实，无一毫之伪，然后有以为进德之地，德方日新矣。"（朱熹：《朱子语类》卷六十九）对此，他还用了一个形象的比喻加以说明："诚"好似一粒种子，只有这粒种子真正"下在泥中"，道德进步"方会日日见发生"。（朱熹：《朱子语类》卷六十九）否则，德行就不会具有生根、发芽、成长的内在动力与根本。

不仅如此，诚还是道德行为的灵魂和精神实质，它能有力保障道德自身的真实性。"孝而不诚于孝则无孝，弟（悌）而不诚于弟则无弟。"（朱熹：《朱子语类》卷六十四）如果孝悌失去了诚的精神内核，那么这样的孝悌并不能算作是真正的孝悌，当其外显于行时，很有可能会沦为一种形式或虚伪做作。如有的子女，在父母生前不孝养，甚至虐待老人，但是在其去世以后，却大办丧事，并且假意号啕，这就是"不诚"之孝，是做出样子给别人看的"虚伪"之孝。因此，"德的本质在于诚"的思想就极为深刻，这不仅能让人们懂得道德的真实含义，而且还能引导人们去实施各种真实的道德行为。

（二）诚信是维护社会有序运行的重要方式

诚信是人们应该遵守的最基本道德。孔子说："人而无信，不知其可也。"（《论语·为政》）一个人要安身立命，就必须具有诚信的美德。为此，他把"信"列为四教之一："子以四教：文，行，忠，信。"（《论语·述而》）孟子则进一步把"信"列为五种基本人伦关系中"朋友"一伦必须遵守的基本道德原则[1]。至西汉初年，贾谊把"信"列为"德之六美"[2]之一。（《新书·道德说》）董仲舒则将"信"正式列入"五常"，使之成为五种最基本的道德规范之一[3]。

关于信在和谐人际关系和维护社会秩序上的重要性，古人进行了详细的阐释。《吕氏春秋·贵信》上说："君臣不信，则百姓诽谤，社稷不宁。处官不信，则少不畏长，贵贱相轻。赏罚不信，则民易犯法，不可使令。交友不信，则离散郁怨，不能相亲。百工不信，则器械苦伪，丹漆染色不贞。"这说明，如果君臣之间不守诚信，就会招致民众的诽谤和轻视，从而动摇江山社稷的长治久安；如果官员不守诚信，就会使下级失去敬畏之心，从而互相轻视；如果在赏善罚恶方面不守诚信，就会让民众失去信任而不听政令；如果结交朋友不守诚信，就会使彼此心生嫌隙，无法亲密。如果各行各业的人都不守诚信，就会使各个行业的劳动成果失去质量的保证。魏晋时期著名的思想家傅玄[4]也有相类的论述，他认为，如果君主不能以诚信管理大臣，大臣不能以诚信侍奉君主，父亲不以诚信管教子女，子女不能以诚信待养父亲，丈夫不能以诚信对待妻子，妻子不能以诚信对待丈夫，那么在朝廷上就会使君臣相猜疑，在家庭中就会使父子相猜疑，在居室里就会使夫妇相猜疑。这样一来，必然是上下左右各怀奸心，彼此竞相欺骗，所谓的人伦道德就都不复存在了。[5]反之，如果人们能彼此相信，那么就能使关系亲密融洽。

古人为了说明信对于人类社会的重要性，还着重从天道的角度加以强调。"天行不信，不能成岁。地行不信，草木不大。"（《吕氏春秋·贵

---

[1] 孟子在孔子诚信思想的基础上进一步发展，将"朋友有信"与"君臣有义""长幼有序""夫妇有别""父子有亲"相结合，统称为"五伦"。

[2] 即有道、有仁、有义、有忠、有信、有密。

[3] 信与仁、义、礼、智并列为"五常"。

[4] 傅玄（217—278），字休奕。北地郡泥阳县（今陕西省铜川市耀州区）人。魏晋时期名臣，著名文学家、思想家。

[5] 若君不信以御臣，臣不信以奉君，父不信以教子，子不信以事父，夫不信以遇妇，妇不信以承夫，则君臣相疑于朝，父子相疑于家，夫妇相疑于室矣。小大混然而怀奸心，上下纷然而竞相欺，人伦于是亡矣。（傅玄：《傅子·义信》）

信》）故此，若要保持社会的和谐有序，安定团结，则必须信而治之。

（三）诚信是事业成功的重要保证

要成就事业，就必须讲究诚信。"诚无不动者，修身则身正，治事则事理，临人则人化，无往而不得。"（杨时：《河南程氏粹言》卷一）"渔猎不同风，舟车不并容。饮食嗜好，礼义贪残，四夷与中国殊绝若冰炭。至于推诚则不欺，守信则不疑，六合之内可行，动天地，感鬼神，非诚信不可。"（李邦献：《省心杂言》）可见，只要怀抱至诚的态度，则天下无不可为之事。否则，就什么事也做不成，"言非信，则百事不满"（《吕氏春秋·贵信》）。因此，家长在训诫子弟时，也特别强调了这一点，"人不信实，诸事无成"（石成金：《传家宝》二集卷一《人事通》）。

首先，诚信有助于树立权威，从而赢得他人的信任与拥戴。

在中国历史上，有两个著名的典故，从正反两个方面说明了这一点。一是商鞅"立木取信"。战国时期，秦国的秦孝公即位以后，决心改革图强。在他的支持下，商鞅主持变法。但是担心人们不相信自己，于是就在国都南门外竖起一根三丈高的木头，并发布公告：谁能把这根木头搬到北门，就赏给他十金（二十两银子为一金，即二百两银子）。围观的人们都不相信，也没有人上来搬木头。于是，商鞅又发布公告，把赏金提到五十金。这时，有一个人站出来，把木头搬到了北门，商鞅立刻赏给他五十金。这一举动，帮助商鞅在百姓那里树立起了威信，而商鞅变法的法令也很快在秦国推广开来，新法帮助秦国逐渐走向强盛，并最终统一了中国。[1]另一个是周幽王"烽火戏诸侯"。西周末年，周幽王有个非常宠爱的妃子褒姒。褒姒虽然长得漂亮，又能歌善舞，但却从来不笑。周幽王为了让她开心，带着褒姒登上了骊山烽火台，命令守兵点燃烽火。在古代，烽火是敌军来犯时的紧集军事报警信号，当时，在国都镐京附近的骊山（今陕西省西安市临潼区东南）一带修筑了二十多座烽火台，当诸侯看到烽

---

[1]　令既具，未布，恐民之不信，己乃立三丈之木于国都市南门，募民有能徙置北门者予十金。民怪之，莫敢徙。复曰'能徙者予五十金'。有一人徙之，辄予五十金。以明不期。卒下令。（司马迁：《史记·商君列传》）

火，就会赶来援救。因此，当烽火点燃时，各地诸侯急忙赶来，可是到了骊山这里，却并没有发现敌军，反而听到奏乐和歌声，原来是周幽王与褒姒在高台上饮酒作乐。周幽王派人传话给他们：这里并没有敌军，点燃烽火只是为了取乐。诸侯们听到后悻悻而去。褒姒看到这些人急匆匆而来，又急匆匆而去，不禁笑了一下。为了让褒姒开心，周幽王又多次以此戏弄诸侯，慢慢地，大家就都不来了。公元前771年，被废黜王后的父亲申侯，联合缯侯及西北犬戎人，进攻镐京。周幽王听到消息后，下令点燃烽火，但是诸侯们因为此前多次受到愚弄而不加理会。最后，周幽王被杀死、褒姒被俘。（《史记·周本纪》）

其次，诚信是职业道德的重要内容，是事业强盛的根基与保障。

如中国古代的商贾，将诚信视为人格追求与立业根本，以做"诚商"为荣，将诚信视作从事商业活动的核心要求，是处理自身与国家、同行、主人与佣工等方面关系的基本准则。《管子·乘马》上明确提到："非诚贾不得食于贾，非诚工不得食于工。"无论是从事商业还是手工业，都必须讲究诚信，否则就不要从事这一行。司马迁在《史记》中专门为商人立传，高度评价了以子贡、范蠡、白圭为代表的诚贾恪守商德的高尚品格。在商贾自己写成的生意经中，也把"诚实"列在其中[1]。商业活动中的诚信，大体涵盖三个层面：商号内部诚信，要求待人以诚，对所雇佣的人给予充分信任；商号之间诚信，要求在彼此的生意来往中注重信誉；对顾客诚信。最后一点又主要表现在三个方面。

一是货真。坚持质量第一，不出售假冒伪劣产品，不以次充好。

"卖羊豚者不加饰。"（《孔子家语·相鲁》）《礼记·王制》上说："布帛精粗不中数，幅广狭不中量，不粥于市。"这都是要求人们不售卖假货，禁止在集市上售卖质量不过关的货品。与此相关，那些注重产品质量的商人，就得到了人们的赞誉。东汉时期有个人名叫公沙穆，有一次派人到市场上去卖一头病猪。事先他叮嘱去卖猪的人：如果有人买猪，就告诉

---

[1] 徽商写的《客商规略》中提出了培养经商人才的十条要求，其中一条就是诚实。

他实情，在价格上也可以卖得便宜点。结果卖猪的人对买主并没有如实说明情况，而且还卖了一个高价钱。当公沙穆听说以后，他立即追到买主，把猪的实际情况全都告诉了他，并要退还之前多收的钱。买主说已经成交了就不必再退款了，但是公沙穆还是坚持退了款。[1]

二是量足。在售卖商品时计量精准，不缺斤少两。《周礼》上就强调要根据数量和大小来确定商品的价格，要求在买卖商品时必须计量准确。[2]《东观汉记》上记载，那些让市场计量准确的官吏和计量充足的经商者都得到了人们的称赞，"伦平铨衡，正斗斛，市无阿枉，百姓悦服"。为了约束心术不正的商人，让其不敢缺斤少两。古人还以极高明的方式对他们进行规范，给其重要的经营工具"秤"上的每颗星都赋予不同的意义。古时的秤与今日不同，一斤是十六两，所以，在秤杆上，除了起始的零位星外，每斤都有十六颗秤星。这十六颗星分别代表着北斗七星，南斗六星和福、禄、寿三星，寓意吉星高照、称心如意。其中，福、禄、寿三星的加入，还有着特别的意义，就是希望商店不要在斤两上做手脚。如果少给买家一两，就会缺福，少给二两就会缺禄，少给三两就会缺寿。福、禄、寿三者可谓所有人的期望和憧憬，所以这样的设置，在规范商人的计量行为上无疑能发挥积极作用。

三是价实。商品买卖时价格实在，不因人因地而异。其中蕴含着买卖公平、童叟无欺的要求。在中国的历代王朝中，"市无二价"一向被视为民风淳朴的表现，而"口无二价"则被视作经商的美德。《魏书·赵柔传》中记载了一件事[3]。北魏金城人赵柔，年轻时就以德才闻名。后来出任河

---

[1] 谢承书曰"穆尝养猪，猪有病，使人卖之于市，语之云：'如售，当告买者言病，贱取其值，不可言无病，欺人取贵价'也。卖猪者到市即售，亦不言病，其值过价。穆怪之，问其故。赍半值追以还买猪人。告语云：'猪实病，欲贱卖，不图卖者人相欺，乃取贵直。'买者言买卖既约，亦复辞钱不取。穆终不受钱而去"也。（范晔：《后汉书·公沙穆传》点校本）

[2] 《周礼·地官司徒第二·司市/掌节》。

[3] 后有人与柔铧数百枚者，柔与子善明鬻之于市。有从柔买，索绢二十匹。有商人知其贱，与柔三十匹，善明欲取之。柔曰："与人交易，一言便定，岂可以利动心也。"遂与之。搢绅之流，闻而敬服焉。（魏放：《魏书·赵柔传》）

内太守一职。有一次，有人赠送他几百枚翻土工具犁铧，于是，他和儿子善明到集市上去卖。有个人向赵柔购买，出的价格是二十匹绢，赵柔同意了。这时，有另外一个商人出了更高的价格，于是他儿子就想卖给出价高的人。但是赵柔不同意，他认为："和别人交易，一言便定，说好的事情，怎么能因为利益而改变心意呢？"最后还是卖给了第一个人。当时的官僚士绅听说这件事后，都非常敬佩他的诚信美德。

在商业实践中，商人总结出一个规律，即遵守诚信、讲求信誉，不仅不吃亏，反而还会带来更大的效益，使事业不断繁荣强盛。司马迁说："贪贾三之，廉贾五之。"（《史记·货殖列传》）如果贪心的商人能得到三分赢利，那么廉正的商人就能得到五分赢利。刘基[1]在其著作《郁离子》中记述了"虞孚贩漆"的故事，从反面说明了诚信经营的重要性。春秋时期越国人虞孚向计然[2]先生请教谋生方法，学会了种植漆树的技术。三年以后，漆树长成，收了几百斛的漆，他打算运到吴国去卖。他妻子的哥哥对他说："我曾经在吴国经商，那里的人喜欢装饰，愿意给器物上漆。漆在吴国属于上等品。我看见卖漆人把漆叶煮成的膏掺和在漆里，获得了翻倍的收益，别人还看不出假。"虞孚听了很高兴，也用漆叶煮成膏，装了几百瓮。然后，他把这些膏和漆一起运进吴国。当时吴国和越国由于关系变坏，所以越国商人进不来吴国，吴国人正好缺漆。吴国的买卖中间人听说虞孚有漆，非常高兴地去郊外迎接，把他带进吴国款待他，并让其住在自己的私人馆舍。查看了他的漆，质量也很好。于是就约定在短期内就拿金币来买漆。虞孚听了大喜，等到夜晚时分，他就把漆叶膏掺到漆里。待到交易时间，那个中间人来了，发现漆的封盖很新，怀疑他作假。于是要求二十天以后再进行交易。结果到了那时，虞孚的漆全都变质了，虞孚也无法回家，只好在吴国行乞，最终死在异乡。

---

[1] 刘基（1311—1375），字伯温，浙江青田（今浙江省文成县）人。元末明初著名政治家、文学家，明朝开国元勋。

[2] 计然（生卒年不详），姓辛，名钘，字文子（一说名文子），又称计倪、计研，号计然、渔父，春秋时期宋国葵丘濮上（今河南省商丘市民权县）人，著名谋士、经济学家。还有一种观点认为此处计然先生是代称。

由于诚信的重要性，故古时有见地的商贾之家，都教诫子弟要诚信经营，并制定了极为细致的规定。如明代汪道昆[1]在《太函集》中就记述了明末徽州人汪通保的事迹。汪通保当时在上海开当铺，生意越做越大，但从不忘记"诚信"。他跟子弟约法三章：要求子弟在经营过程中，要保持诚实不欺的经商作风，不准欺行霸市；贷给别人银钱时不得在好钱中掺杂恶钱（质料低劣的钱币）；收入利钱时不要计较零头，也不要按日计算以多收利息。

三、诚信在实践中应注意的问题

诚信，作为人际交往活动中的基本行为规范和美德要求，并非无条件地适用于一切情形。换言之，诚信美德有其适用的范围与前提。

（一）大信与小信：诚信的标准是义

只有那些符合道义的诚信，才是应该且必须遵守的。"信之所以为信者，道也。信而不道，何以为道？"（《春秋穀梁传·僖公二十二年》）反之，违义之信，则不必严格遵守。这是因为诚信的精神内核是真，而真应该是真于善，而不是真于恶。这实际上是要求人们善恶分明，"诚意，是真实好善恶恶，无夹杂"（朱熹：《朱子语类》卷十六）。

衡量善恶的标准是义。《左传·成公八年》上说："信以行义。"孔子也说："信近于义，言可复也。"（《论语·学而》）允诺的事情只有符合义的要求，才有必要实现。孟子进一步发挥道："大人者，言不必信，行不必果，惟义所在。"（《孟子·离娄下》）对于有德之人来说，并不一定对每句话都要守信，对每个行动都要有结果。是否守信，关键是看其是否符合义；允诺的事情违反了义的要求，就可以不守信。如果刻板地遵守"言必信，行必果"的规约，那么在"信不近义"的情况下，这种遵守不仅无益于信，"反害于信"（朱熹：《朱子语类》卷二十一，卷二十二）。正

---

[1] 汪道昆（1525—1593），又名汪守昆。初字玉卿，改字伯玉，号高阳生、别署南溟、南明、太函氏、泰茅氏、天游子、方外司马等。歙县西溪南松明山（今属安徽省黄山市徽州区）人。明代著名戏曲家、抗倭名将。

是在此意义上，孔子才会说："言必信，行必果，硁硁然小人哉！"（《论语·子路》）这说明，尽管诚信要求说真话，讲信用，但这只是一般原则，在具体实行时还是要根据当时的实际情况灵活运用，通权达变。"君子宁言之不顾，不规规于非义之信。"（张载：《正蒙·有德》）不守诺与守非义之诺二者相比，宁可选择前者。这也就意味着遵守道义与片面追求诚信相比，遵守道义是第一位的，在选择上具有优先性。

在柳宗元所作的传记小品《宋清传》中，宋清焚毁债券的行为，就体现了这一要求。宋清是长安（今陕西省西安市）西部药市人，平时储存很多好药材。那些从深山大泽采药回来的人，一定是先把药材送到他这里。宋清对这些人也都是热情招待。长安的医生用宋清的药材制成自己的药方，很容易卖出，所以他们都称赞宋清。有些生病长疮的人，也都愿意到宋清那里买药，希望自己快点康复。宋清也总是热情接待他们。有人没钱，宋清就先把好药赊给他们，时间久了，家里就积攒起一大堆欠条。不过，宋清从来都没向那些人讨账。还有些素不相识的人，从很远的地方来赊账买药，宋清也不拒绝。每当年末时，估计那些人无力还账，于是就把这些欠条烧掉，欠账的事也不再提了。[1]宋清的行为，其实就是建立在道义的基础上，表现出对人的理解、同情与宽厚，而不是片面强调契约精神，要求对方必须偿还。《论语·卫灵公》上说："君子贞而不谅。"关于"贞"的含义，有两种观点：一种观点认为是指大信，一种观点认为是指正道。但其实这两种观点具有共通性，因为大信必然是正道。"谅"字，则是指不分是非而守信，即小信。这句话的意思是说，君子要坚守大信、正道，而不要拘泥于小信。因此，如要正确坚守诚信，就必须注意辨析大信与小信，这样才可能在实际生活中不因小信而失大信，做出正确的选择。

---

[1] 宋清，长安西部药市人也。居善药，有自山泽来者，必归宋清氏，清优主之。长安医工得清药辅其方，辄易雠，咸誉清。疾病庀疡者，亦皆乐就清求药，冀速已，清皆乐然响应。虽不持钱者，皆与善药，积券如山，未尝诣取直。或不识遥与券，清不为辞。岁终，度不能报，辄焚券，终不复言。（柳宗元：《柳河东集·宋清传》）

（二）信信与疑疑：诚信的精神是求真务实

在人际交往中，要保持诚信的态度，就要立足于真实。这种真实，又包括双层含义：一是相信可以相信的人与事；二是怀疑可怀疑的人与事。"信信，信也；疑疑，亦信也。"（《荀子·非十二子》）无论相信还是怀疑，因都是出于真情实感，故而都是诚信待人的表现。也就是说，在人际关系中的诚信要求，并不意味着对对方的一切要照单全收，毫无疑虑，而是还可以有质疑、否定、批评和指正。不过，由于后者往往容易得罪人而使得人们心存顾虑，特别是在面对比自己地位、权势更高的人时，敢于质疑和批评更显难能可贵。因此，历史上那些敢于向君主直言进谏的大臣都名垂青史，得到了人们的颂扬。

《汉书·杨胡朱梅云列传》中记载了这样一位大臣。朱云[1]是西汉元成帝时的著名士人。他性格狂放，富有学识，敢于直言进谏。成帝在位时，前丞相安昌侯张禹因为曾经做过皇上的老师而特予晋升，皇上也特别尊崇他。有一次，朱云上书求见皇上，当见到皇上时，公卿大臣也都在那里。当着这些大臣的面，朱云就说："如今的朝廷大臣，对上不能辅佐皇上，对下不能造福百姓，只知领取国家俸禄。我请求您赐我一把尚方宝剑，杀掉一个佞臣来劝勉警诫其他人。"成帝说："谁是佞臣啊？"朱云回答道："安昌侯张禹。"成帝一听勃然大怒，说道："你一个居于下位的小小官吏却想毁谤上级，在朝廷上公然侮辱我的老师，你罪当死，不能赦免！"这时，在旁边当值的侍御史就拉着朱云想让他离开，可是朱云双手紧紧攀住大殿上的栏杆不肯走。他大声地说："微臣能和龙逄（夏桀时贤臣，因直言进谏被杀）、比干（商纣王叔父，因谏纣王而被杀）同游地府，心满意足了！只是不知圣朝（封建时代臣民称当代王朝为圣朝）将会怎样呢！"直到最后栏杆都被他拉断了，侍御史才把他拉了下去。这时，左将军辛庆忌摘掉官帽，解下官印和绶带，在大殿上叩头说："这个人一向以狂傲直

---

[1] 朱云（？—？），字游，原居鲁地，后移居平陵（旧县名，在今陕西省兴平市）。为人狂直，多次上书抨击朝廷大臣，因"折槛"而闻名。晚年教徒讲学，七十多岁时在家中去世。

率著称。如果他说的对，就不能杀他；如果他说的不对，也应该宽容他。我斗胆以死为他担保！"辛庆忌叩头直至流出血来，成帝的怒气才慢慢消了，于是赦免了朱云，不再治他的罪。等到后来要整修大殿上折断的栏杆时，成帝就说："别换了！把旧栏杆整修一下，就把这个旧栏杆用来表彰和勉励忠直的臣子吧。"

对于那些贤君明主来说，他们把诤臣视为贤臣；对于普通人而言，也把诤友视为良师益友。诤友的突出表现就是不会顺着对方的心意说动听的话，而是站在中正合义的立场，直率地指出对方的不足或缺失。虽然他们也会预测到此举可能会令对方不悦，甚至遭到对方的误解乃至怨恨，但是也不隐藏自己的观点和态度。"忠言逆耳利于行，毒药（不是指有毒的药，是指味道不好的药）苦口利于病"（《史记·留侯世家》），显然地，诤友对于一个人的成长进步，会发挥更大更积极的作用。

（三）不欺人与不自欺：坚持诚信，力戒伪诈

对诚信的极力倡导，就是为了防止欺诈虚伪，防止在社会上滋生虚妄浮夸之风。所以，古人在谈到诚信时，往往会突出其"不欺"的含义。如朱熹就说："妄诞欺诈为不诚。"（朱熹：《朱子语类》卷六）

"不欺"又包括两个维度：一个是不欺人，一个是不自欺。二者相比，"不自欺"尤其受到古人重视，他们认为这是坚守诚信的根本，是更为重要的方面，所以在其阐释"不欺"义时就会侧重强调这一方面。"诚者何？不自欺、不妄之谓也。"（朱熹：《朱子语类》卷一一九）"所谓诚其意者，毋自欺也。"（《大学》）正由于"不自欺"

在诚信上的根本地位，所以古人又再三强调"君子必慎其独也"（《大学》）。在个人独处时，一定要格外地谨慎戒惧，防止不诚信行为的发生。"慎独"不仅是儒家提出的重要道德修养方法，也是个人是否具有高尚道德境界的标志，因此，它也成为衡量一个人品德高下的重要标尺。历史上那些达到此标准的人，无不得到人们的景仰。东汉时期的杨震[1]就是这样的人。据《后汉书·杨震传》记载，大将军邓骘[2]听说杨震德才兼备，于是就举荐了他。经过多次的升迁，杨震已经官至荆州刺史、东莱太守。当他前往东莱上任时，路过昌邑这个地方，他以前曾经举荐过的荆州秀才王密时任昌邑县令。王密请求拜见杨震，等到晚上时，他带着十斤黄铜来了，说是要送给杨震，以感谢当年的举荐之恩。杨震说："为什么我了解你是怎样的人，而你却不了解我呢？"王密回答道："夜深人静，没有人知道这件事。"杨震严肃地说："天知，神知，你知，我知。怎么说没人知道呢？"听了这句话，王密惭愧地离开了。[3]这就是著名的"四知"故事，后世因此把杨震称为"四知先生"，还在山东莱州建立了"四知苑牌坊"，表达对杨震"不欺心于暗室"操守的敬佩与纪念。同时，这一典故也成为许多诗人借此表达自身心志的素材。如唐代杜甫在《风疾舟中伏枕书怀三十六韵奉呈湖南亲友》一诗中写道："应过数粒食，得近四知金。"甘愿过数粒而食的贫困生活，也不取非分之物。明代石珤在《暮夜金》中也写道："暮夜金，光陆离，故人心，君不知。"

诚信的"不欺"义中，其实还蕴涵着"无私"的含义。也就是说，要做到"不欺"就要"无私"。"故诚信，无私故威。"（张载：《张载集·正蒙·天道》）因此，诚信又往往与清正廉洁联系在一起。如杨震本身就是

---

[1]　杨震（？—124），字伯起，弘农华阴（今陕西省华阴市）人。他出身书香门第，少年好学，"明经博览，无不穷究"，时人称其为"关西孔子"。

[2]　邓骘（？—121），《东观汉记》也写作邓陟，字昭伯，南阳新野县（今河南省新野县南）人。东汉时期外戚、将领，太傅邓禹之孙、护羌校尉邓训之子和熹皇后邓绥之兄。

[3]　杨震被大将军邓骘举荐，"四迁荆州刺史、东莱（莱州掖县的古称）太守。当之郡，道经昌邑，故所举荆州茂才王密为昌邑令，谒见，至夜怀金十斤以遗震。震曰：'故人知君，君不知故人，何也？'密曰：'暮夜无知者。'震曰：'天知，神知，我知，子知。何谓无知！'密愧而出。"（范晔：《后汉书·杨震传》点校本）

一个廉正的榜样。他为了避免有人前来行贿，从不接受他人的私下拜见。同时，他的子孙生活也很清素简朴，平日里的饮食并无大鱼大肉，只有青菜等物，进出也没有车轿骏马，都是步行。杨震的一些年长朋友曾经建议他为子孙开办一些产业，他也不同意，而是说："使后世称为清白吏子孙，以此遗之，不亦厚乎！"让后世的人都称呼他们是清正廉洁官吏的子孙，把这个美名留给他们，不也是很优厚的财富吗？（范晔：《后汉书·杨震传》点校本）

小结：家训要言

1.仁义忠信本自修，人必钦崇之。放辟邪侈本自贼，人必轻鄙之。（宋·李邦献：《省心杂言》）

2.人只一诚耳。少一不实，尽是一腔虚诈，怎成得人？（明·彭端吾：《彭氏家训》）

3.言语宜朴诚，不宜伪妄。（清·窦克勤：《寻乐堂家规》）

4.待人以真实为要，心所谓违，凯切言之，不可有一毫欺假，至处恶人则不然，孔子之于阳货是也。对恶人只用绐法，正是不恶而严道理。应事以明决为要，自反而缩，勇往行之，不可有一点躲闪，至遇妄人则不然，孟子之于横逆是也。逢横逆只用避法，正是无忿疾于顽道理。（清·但明伦：《诒谋随笔》）

5.人之一生，须紧靠着一"诚"字。凡动静语默出处，无论安危顺逆，只按着天理、人情、实心做去，不可有一毫虚假，便历久颠扑不破，前后也能照应得来。稍有一点虚假，便自欺而欺人，勉强一时一事，终久必露底里。不知者怪其前后成两截，********人有识者早已看破，此所谓如见其肺肝然。（清·但明伦：《诒谋随笔》）

6.先求专诚不欺，再讲馀事。天下无一事能假，天下无一人能欺。不能假而假之，则徒假也可笑；不能欺而欺之，其自欺也可哀。浑朴如孺子，微细如鸟雀，而不能欺之言色间，况进于此者乎？（清·潘德舆：《示儿长语》）

7.诚者万善之会归，伪者万恶之渊薮。（清·潘德舆：《示儿长语》）

8."敬""信"二字，皆彻上彻下、彻始彻终之道，无终食之间可违者也。（清·潘德舆：《示儿长语》）

9.作事须以一"诚"立根脚，则功可成而事不败，未有不诚而能善事者。譬如筑室，必先实其基址，室成可期巩固。若基址未实，而徒饰外观，终归决裂。此理势之必然者。（清·王汝梅：《游思泛言》）

10.见人总不可扯谎，是则是，非则非，知则知，不知则不知，有错认错，不肯一事欺人，免得东避西掩，问心何等安然。天下无不醒眼之旁观，欺一人，不能欺众人；欺一时，不能欺一世。扯谎之人，无不为人嫌者。所以圣贤之学，曰诚毋自欺，《书》曰"作伪心劳日拙"，皆是劝人不可扯谎。平时自思：我愿人扯谎否？（清·李受彤：《李州侯家训》）

结　语

　　中国传统家训文献繁多，内容丰富，家长们对子弟提出了多方面的道德要求。其中的很多优秀思想、理念以及教育方法，时至今日，仍然得到人们的高度认可，成为现代家长津津乐道并积极继承的部分。

　　本书为北京市教委人文社科研究计划重点项目、北京社科基金项目《家训与中国古代儿童的道德生活》（项目编号：SZ201811626031）结项成果。由于受项目研究时间的限制，本书有选择地对传统家训中的部分重点内容进行了研究。这些研究，更多侧重于对其传统含义的介绍与阐释，其中也涉及了一些重要的家教方法。同时，立足于现代社会，结合具体内容，以马克思主义全面发展的观点对其进行了概要地辨析，力求为今天更好地继承和弘扬优秀传统家训文化并实现创造性转化与创新性发展，更有效地对儿童进行道德教育，以及完善和提升儿童道德生活的质量，提供积极的启发。

　　本书研究还具有进一步拓展的空间。如在积极继承和弘扬这些道德要求精神内核的基础上，如何发展和丰富其内容与形式，使之更加符合现代社会的育人要求，从而使新时代儿童过上丰富而又有意义的道德生活。这将成为后续研究重点关注的内容。

　　本书在写作过程中参考了学界前辈和同行的优秀科研成果。在此一并致谢！

由于受自身理论能力和所得文献资料的局限，书中可能会存在疏漏甚至错误之处，望读者海涵并给予指正。

2023 年 9 月

主要参考书目

辞书类

1.[晋]郭璞注，[宋]邢昺疏：《尔雅注疏》，北京大学出版社，1999年。

2.[东汉]许慎撰：《说文解字》，中华书局，1979年。

3.[东汉]许慎撰，[清]段玉裁注：《说文解字注》，上海古籍出版社，2016年。

4.[清]朱骏声：《说文通训定声》，武汉市古籍书店影印，1983年。

5.[清]钮树玉撰：《说文新附考》，商务印书馆，1939年。

6.丁福保编纂：《说文解字诂林》，中华书局，1988年。

7.徐中舒主编：《甲骨文字典》，四川辞书出版社，1990年。

8.李学勤主编：《字源》，天津古籍出版社，辽宁人民出版社，2013年。

9.谷衍奎编：《汉字源流字典》，语文出版社，2008年。

10.窦文宇、窦勇著：《汉字字源》，吉林文史出版社，2005年。

11.宗福邦、陈世铙、萧海波主编：《故训汇纂》，商务印书馆，2007年。

史学类

12.[春秋]左丘明撰：《国语》，上海古籍出版社，1978年。

13.[西汉]司马迁撰：《史记》，中华书局，1999年。

14.[西汉]刘向编撰，张敬注译：《列女传今注今译》，台湾商务印书馆，1994年。

15.[西汉]刘向编订：《战国策》，上海古籍出版社，1985年。

16.[东汉]班固撰：《汉书》，许嘉璐主编：《二十四史全译》，汉语大词典出版社，2004年。

17.[南朝·宋]范晔撰：《后汉书》，许嘉璐主编：《二十四史全译》，汉语大词典出版社，2004年。

18.[南朝·宋]范晔撰，[唐]李贤等注：《后汉书》，点校本二十四史精装版，中华书局，2012年。

19.[西晋]陈寿撰：《三国志》，许嘉璐主编：《二十四史全译》，汉语大词典出版社，2004年。

20.[唐]房玄龄等撰：《晋书》，许嘉璐主编：《二十四史全译》，汉语大词典出版社，2004年。

21.[北齐]魏收撰：《魏书》，许嘉璐主编：《二十四史全译》，汉语大词典出版社，2004年。

22.[后晋]刘昫等撰：《旧唐书》，许嘉璐主编：《二十四史全译》，汉语大词典出版社，2004年。

23.[北宋]欧阳修等撰：《新唐书》，许嘉璐主编：《二十四史全译》，汉语大词典出版社，2004年。

24.[北宋]司马光编著：《资治通鉴》，中华书局，1986年。

25.[北宋]司马光著：《温国文正司马公文集》，四部丛刊，上海书店出版社，1989年。

26.[北宋]王安石著：《王文公文集》，上海人民出版社，1974年。

27.[元]脱脱等撰：《宋史》，许嘉璐主编：《二十四史全译》，汉语大词典出版社，2004年。

28.[明]余邵鱼编著：《列国志传》，中国文史出版社，2019年。

29.[明]冯梦龙著：《东周列国志》，人民文学出版社，2020年。

家训类

30.楼含松主编：《中国历代家训集成》，浙江古籍出版社，2017年。

蒙学类

31.[南宋]王应麟编著，[北宋]佚名编著，李逸安译注：《三字经 百家姓》，中华蒙学经典，中华书局，2020年。

32.[南梁]周兴嗣编著，[清]李毓秀编著，李逸安译注：《千字文 弟子规》，中华蒙学经典，中华书局，2020年。

33.[明]程允升编著，张慧楠译注：《幼学琼林》，中华蒙学经典，中华书局，2020年。

34.[清]金缨编著，马天祥译注：《格言联璧》，中华蒙学经典，中华书局，2020年。

35.佚名著，孟琢、彭著东译注：《名贤集》，中华蒙学经典，中华书局，2020年。

处世类

36.[元]许名奎撰：《劝忍百箴》，崇文书局，2019年。

37.[明]宋纁撰：《古今药石》，丛书集成初编，中华书局，1985年。

38.[明]吕坤著，王国轩、王秀梅译注：《呻吟语》，中华书局，2021年。

39.[明]吕坤著：《呻吟语》，学苑出版社，1993年。

40.[明]洪应明著：《菜根谭》，岳麓书社，1991年。

41.[清]申涵光著：《荆园小语》，新文丰出版社，1984年。

42.[清]石成金编著：《传家宝》，天津社会科学院出版社，1992年。

43.[清]石成金编著，李惠德、张惠民、李远、周树德校点：《传家宝全集》，中州古籍出版社，2002年。

44.[清]石成金编著：《传家宝全集》，百花洲文艺出版社，2011年。

45.[清]王永彬著：《围炉夜话》，中国友谊出版公司，2021年。

46.[清]申居郧著：《西岩赘语》，[清]王豫等著：《蕉窗日记 西岩赘语 幽梦续影 箴友言 修慝余编》（全一册），丛书集成初编，中华书局，1985年。

经典类

47.[三国·魏]王弼注，[唐]孔颖达疏，《周易正义》，十三经注疏本，北京大学出版社，2000年。

48.[清]孙诒让撰，王文锦、陈玉霞点校：《周易正义》，十三经清人注疏，中华书局，1987年。

49.[汉]孔安国传，[唐]孔颖达疏：《尚书正义》，李学勤主编：十三经注疏标点本，北京大学出版社，1999年。

50.程俊英译注：《诗经译注》，上海古籍出版社，1985年。

51.周振甫译注：《诗经译注》，中华书局，2002年。

52.[清]孙诒让撰，王文锦、陈玉霞点校：《周礼正义》，十三经清人注疏，中华书局，1987年。

53.[清]孙希旦撰，沈啸寰、王星贤点校：《礼记集解》，十三经清人注疏，中华书局，1989年。

54.[清]王聘珍撰，王文锦点校：《大戴礼记解诂》，十三经清人注疏，中华书局，1983年。

55.[周]左丘明传，[清]洪亮吉撰，李解民点校：《春秋左传诂》，十三经清人注疏，中华书局，1987年。

56.杨伯峻编注：《春秋左传注》修订本，中华书局，1995年。

57.[晋]范宁集解，[唐]杨士勋疏，夏先培整理：《春秋穀梁传注疏》，十三经注疏本，北京大学出版社，2000年。

58.[清]皮锡瑞撰，吴仰湘点校：《孝经郑注疏》，十三经清人注疏，中华书局，2016年。

59.杨伯峻译注：《论语译注》，中国古典名著译注丛书，中华书局，

2005年。

60.杨伯峻译注：《孟子译注》，中国古典名著译注丛书，中华书局，2005年。

综合类

61.朱谦之撰：《老子校释》，新编诸子集成，中华书局，2020年。

62.[三国·魏]王弼注，楼宇烈校释：《老子道德经注校释》，新编诸子集成，中华书局，2020年。

63.[春秋]晏婴著：《晏子春秋》，上海古籍出版社，1989年。

64.[春秋]晏婴著：《晏子春秋》，张纯一撰，梁运华点校：《晏子春秋校注》，新编诸子集成续编，中华书局，2014年。

65.[春秋]晏婴著，吴则虞撰：《晏子春秋集释》，新编诸子集成，中华书局，1982年。

66.黎翔凤撰，梁运华整理：《管子校注》，新编诸子集成，中华书局，2020年。

67.[清]孙诒让撰，孙启治点校：《墨子闲诂》，新编诸子集成，华书局，2020年。

68.王利器撰：《文子疏义》，新编诸子集成，中华书局，2020年。

69.[清]汪继培辑：《尸子译注》，上海古籍出版社，2006年。

70.[清]王先谦撰，刘武撰：《庄子集解 庄子集解内篇补正》，新编诸子集成，中华书局，2020年。

71.[清]王先谦撰，沈啸寰、王星贤点校：《荀子集解》，新编诸子集成，中华书局，1997年。

72.[清]王先慎撰，钟哲点校：《韩非子集释》，新编诸子集成，中华书局，2016年。

73.杨伯峻撰：《列子集释》，新编诸子集成，中华书局，2020年。

74.许维遹撰，梁运华整理：《吕氏春秋集释》，新编诸子集成，中华书局，2020年。

75.王国轩、王秀梅译：《孔子家语》，中华书局，2015年。

76.[西汉]陆贾著：《新语》，王利器撰：《新语校注》，新编诸子集成，中华书局，2020年。

77.[西汉]贾谊著：《新书》，阎振益、钟夏校注：《新书校注》，新编诸子集成，中华书局，2020年。

78.[西汉]董仲舒著：《春秋繁露》，苏舆撰、钟哲点校：《春秋繁露义证》，新编诸子集成，中华书局，2020年。

79.[西汉]刘向著：《说苑》，向宗鲁校：《说苑校证》，中华书局，1987年。

80.[西汉]刘安等著：《淮南子》，何宁撰：《淮南子集释》，新编诸子集成，中华书局，2020年。

81.[西汉]桓宽著：《盐铁论》，王利器校注：《盐铁论校注》，新编诸子集成，中华书局，2020年。

82.[西汉]扬雄撰：《法言》，汪荣宝撰：《法言义疏》，中华书局，新编诸子集成（第一辑），1987年。

83.[东汉]桓谭撰，朱谦之校辑：《新辑本桓谭新论》，新编诸子集成续编，中华书局，2019年。

84.[东汉]王充撰：《论衡》，上海人民出版社，1974年。

85.[东汉]王充撰，黄晖校释：《论衡校释》，中华书局，1990年。

86.[东汉]班固等撰：《白虎通》，[清]陈立撰，吴则虞点校：《白虎通疏证》，新编诸子集成，2020年。

87.[东汉]王符著，[清]汪继培笺，彭铎校正：《潜夫论笺》，中华书局，1979年。

88.[三国·魏] 徐干著：《中论》，四部丛刊，上海书店出版社，1989年。

89.[三国·魏]何晏集解，[南朝·梁]皇侃义疏：《论语集解义疏》，王云五主编：丛书集成初编，上海商务印书馆，1937年。

90.[三国·魏]傅玄撰：《傅子》，魏徵等编撰，《群书治要》学习小组编：《群书治要译注》第二十八册，中国书店出版社，2011年。

91.[三国·魏]桓范撰：《群书治要》卷四十七《政要论》，丛书集成初编，中华书局，1985年。

92.[东晋]葛洪著：《抱朴子内篇》，王明撰：《抱朴子内篇校释》，新编诸子集成，中华书局，2020年。

93.[东晋]葛洪著：《抱朴子外篇》，杨明照撰：《抱朴子外篇校笺》，新编诸子集成，中华书局，2020年。

94.[南朝·宋]刘义庆编撰：《世说新语》，上海古籍出版社，1982年。

95.[隋]王通撰：《中说》，张沛撰：《中说校注》，新编诸子集成续编，中华书局，2013年。

96.[北宋]林逋撰：《省心录》，丛书集成初编，中华书局，1985年。

97.[北宋]范仲淹著：《范文正公集》，丛书集成初编，中华书局，1985年。

98.[北宋]李觏著，王国轩校点：《李觏集》，中华书局，1981年。

99.[北宋]周敦颐著，陈克明点校：《周敦颐集》，中华书局，2022年。

100.[北宋]张载著，章锡琛点校：《张载集》，中华书局，1978年。

101.[北宋]王安石著，唐武标校：《王文公文集》，上海人民出版社，1974年。

102.[北宋]沈括著：《梦溪笔谈》，胡道静校注：《梦溪笔谈校正》，中华书局，1959年。

103.[北宋]程颢、程颐著，王孝鱼点校：《二程集》，中华书局，2021年。

104.[北宋]杨时著：《龟山先生语录》，四部丛刊，上海书店出版社，1989年。

105.[南宋]胡宏著，吴仁华点校：《胡宏集》，中华书局，1987年。

106.[南宋]朱熹撰：《四书章句集注》，新编诸子集成，中华书局，2015年。

107.[南宋]朱熹撰，[南宋]黎树德编：《朱子语类》，中华书局，

1986年。

108.[南宋]朱熹撰，朱杰人、严佐之、刘永翔主编：《朱子全书》，上海古籍出版社、安徽教育出版社，2002年。

109.[南宋]陆九渊著：《陆九渊集》，中华书局，2022年。

110.[南宋]赵与时著：《宾退录》，上海古籍出版社，1983年。

111.[南宋]陈淳著：《北溪字义》，中华书局，2022年。

112.[南宋]陈录撰：《善诱文》，丛书集成初编，中华书局，1985年。

113.[南宋]罗大经撰：《鹤林玉露》，丛书集成初编，中华书局，1985年。

114.[元末明初]刘基撰：《诚意伯文集》，四部丛刊，上海书店出版社，1989年。

115.[明]王达撰：《笔畴》，丛书集成初编，中华书局，1985年。

116.[明]方孝孺著：《逊志斋集》，四部丛刊，上海书店出版社，1989年。

117.[明]薛瑄著：《薛瑄全集》，山西人民出版社，1993年。

118.[明]湛若水著：《湛甘泉先生文集》，清同治五年，资政堂刻本。

119.[明]王守仁撰：《王阳明全集》，上海古籍出版社，2022年。

120.[明]陈确撰：《陈确集》，中华书局，1979年。

121.[明]彭汝让著：《木几冗谈》，丛书集成初稿，中华书局1985年。

122.[明]朱之瑜著：《朱舜水集》，中华书局，1985年。

123.[明末清初]黄宗羲著，沈善洪主编：《黄宗羲全集》，浙江古籍出版社，1985年。

124.[明末清初]王夫之著：《尚书引义》，中华书局，1962年。

125.[明末清初]王夫之著：《读通鉴论》，中华书局，1976年。

126.[明末清初]唐甄著：《潜书》，中华书局，1963年。

127.[明末清初]颜元著：《颜元集》，中华书局，1987年。

128.[清]朱轼编：《历代名臣传》，岳麓书社，1993年。

129.[清]戴震著，何文光整理：《孟子字义疏证》，中华书局，2022年。

130.[清]戴震著：《中庸补注》，1936年，安徽丛书编印处印本。

131.[清]阮元撰，邓经元点校：《研经室集》，中华书局，1993年。

132.[清]曾国藩著，唐浩明编校：《曾国藩全集》修订版，岳麓书社，2012年。

133.[清] 曾国藩著：《曾国藩全集》，岳麓书社，1986年。

134.[清]左宗棠著：《左宗棠全集》，岳麓书社，1987年。

135.[晚清]康有为著，楼宇烈整理：《孟子微 礼运注 中庸注》，中华书局，2012年。

136.[晚清]康有为著：《长兴学记》，中华书局，1980年版。

137.[晚清]康有为著，姜义华等编校：《康有为全集》，中国人民大学出版社，2007年。

138.郑观应著，夏东元编，《郑观应集·训子侄》，中华书局，2013年。

139.徐珂编：《清稗类钞》，中华书局，1984年。

140.梁启超著，宋志明选注：《新民说》，辽宁人民出版社，1994年。

141.郭沫若著：《郭沫若全集：历史编》第一卷，人民出版社，1982年。

142.高平叔编：《蔡元培全集》，中华书局，1984年。

143.罗国杰主编：《中国传统道德》，中国人民大学出版社，2012。

144.张锡勤著：《中国传统道德举要》，黑龙江教育出版社，1996年。

145.陈瑛主编：《中国古代道德生活史》，中国社会科学出版社，2012年。

146.唐凯麟主编：《中华民族道德生活史》，东方出版中心，2014年。

147.楼含松主编：《中国历代家训集成》，浙江古籍出版社，2017年。

148.徐少锦、陈延斌著：《中国家训史》，陕西人民出版社，2003年。